AI短视频

全面应用

一键生成 + 智能剪辑 + 虚拟角色 + 案例实操

岳伟◎编著

U0368575

清华大学出版社

北京

内 容 简 介

在人工智能（AI）技术的浪潮下，短视频创作迎来了革命性的变革。本书针对 AI 短视频的有关应用进行讲解。

首先，书中介绍了 AI 短视频的一键生成技术，通过腾讯智影、一帧秒创、即梦 Dreamina、剪映 App、Runway、必剪 App、剪映电脑版、快影 App 和 Pika 等 9 种工具，展示如何快速将文字、图片，以及视频素材转化为吸引人们眼球的短视频内容。

其次，智能剪辑篇深入介绍了 AI 在视频编辑中的高级应用，包括画面比例调整、字幕识别、背景更换、色彩调整等，让视频编辑变得更加智能化和精准。同时，书中还涉及音频处理技巧，如人声美化、音色改变、场景音匹配等，充分挖掘 AI 在音频剪辑中的潜力。

再次，虚拟角色作为数字内容的重要组成部分，书中详细介绍了虚拟角色的创建工具和平台，如剪映、来画、D-Human 等，并提供了形象设置和优化技巧，让读者能够打造出个性化的虚拟形象。

最后，通过一系列实际案例，如《常见花卉欣赏》《抖音电商带货》《旅途风景记录》和《摄影课程宣传》，将理论与实践相结合，指导读者如何运用 AI 工具进行实际创作。

本书不仅适合短视频创作者、新媒体运营者及市场营销人员，同时也吸引着所有对 AI 短视频创作感兴趣的读者。它将助力相关院校与专业学生在数字化浪潮中掌握前沿技术，进而创作出更加引人入胜的短视频内容。

图书在版编目(CIP)数据

AI短视频全面应用：一键生成＋智能剪辑＋虚拟角色＋案例实操 / 岳伟编著.

北京：清华大学出版社，2025. 5. -- ISBN 978-7-302-68827-3

Ⅰ. TN948.4-39

中国国家版本馆CIP数据核字第2025AR6544号

责任编辑：韩宜波
封面设计：杨玉兰
责任校对：桑任松
责任印制：沈 露

出版发行：清华大学出版社
　　　　网　　　址：https://www.tup.com.cn，https://www.wqxuetang.com
　　　　地　　　址：北京清华大学学研大厦A座　　　　　邮　　编：100084
　　　　社 总 机：010-83470000　　　　　　　　　　邮　　购：010-62786544
　　　　投稿与读者服务：010-62776969，c-service@tup.tsinghua.edu.cn
　　　　质 量 反 馈：010-62772015，zhiliang@tup.tsinghua.edu.cn
印 装 者：三河市铭诚印务有限公司
经　　销：全国新华书店
开　　本：190mm×260mm　　　印　　张：14.75　　　字　　数：356 千字
版　　次：2025 年 6 月第 1 版　　　印　　次：2025 年 6 月第 1 次印刷
定　　价：99.00 元

产品编号：106726-01

前 言

📝 写作驱动　　　　　　　　　　　　　　　　　⊖ ▢ ⊗

　　　　在这个信息爆炸的时代，短视频已经成为人们获取信息、分享生活、展示创意的重要方式。然而，制作一段高质量的短视频并非易事，它需要创意、技术、时间和耐心。作者团队正是基于克服这样的痛点，撰写了本书，旨在通过人工智能的力量，帮助每一位创作者提升短视频的制作能力，让创意的表达更加轻松和高效。

　　　　本书的核心使命是通过AI技术赋能，帮助每一位创作者提升短视频的制作能力。我们深知，无论是技术门槛、时间成本，还是创意实现和个性化需求，都是制约短视频创作的重要因素。因此，本书不仅提供了一键生成、智能剪辑等高效工具的使用指南，更通过丰富的实际案例，让读者亲身体验AI技术如何简化流程、激发创意、节省时间，并最终实现个性化的短视频制作。

✪ 本书特色　　　　　　　　　　　　　　　　　⊖ ▢ ⊗

　　　　1. AI 应用：本书深入探讨了人工智能技术在短视频制作中的应用，从一键生成视频到智能剪辑，再到虚拟角色的创建和编辑，每一个环节都体现了 AI 技术如何简化视频制作的复杂性，提高创作效率。

　　　　2. 全面覆盖：本书内容覆盖了短视频制作的全流程，从创意构思到最终成品的输出，为读者提供了一站式的学习和实践指南。无论是初学者还是有经验的视频制作者，都能在本书中找到提升技能的途径。

　　　　3. 实战案例：通过具体的案例分析，本书不仅介绍了理论知识，更重要的是提供了实战经验。读者可以通过案例学习如何将 AI 技术应用到实际的短视频制作中，从而更好地理解和掌握书中的知识点。

　　　　4. 创新内容：本书不仅介绍了现有的 AI 短视频制作技术，还探索了其发展趋势，如虚拟角色的创建和编辑，为读者提供了前沿的技术和创意灵感。

　　　　5. 工具介绍：本书详细介绍了多种 AI 短视频制作工具和平台，如腾讯智影、剪映 App、Runway 等，帮助读者了解和选择最适合自己的工具，快速提升制作能力。

　　　　6. 互动学习：通过引导读者参与到案例的制作过程中，本书鼓励读者动手实践，通过实际操作来加深对 AI 短视频制作技术的理解和掌握。

　　　　7. 个性指导：针对不同水平的读者，本书提供了从基础到高级的个性化指导，无论是新手还是资深创作者，都能根据自己的需求找到合适的学习途径。

　　　　8. 易于理解：本书采用了通俗易懂的语言和清晰的步骤说明，确保读者即使没有专业的视频制作背景，也能够轻松理解和掌握 AI 短视频的制作技巧。

🔔 特别提醒

1. 版本更新： 本书在编写时，是基于当前各种 AI 配音工具和软件的界面截取的实际操作图片，但本书从编辑到出版需要一段时间，这些工具的功能和界面可能会有变动，请在阅读时，根据书中的思路，举一反三，进行学习。其中，剪映手机版为 14.1.0 版本、必剪 App 为 2.62.0 版本、剪映电脑版为 5.9.0 版、快影 App 为 6.50.0.650003 版本，其他软件工具均为本书编写时官方推出的最新版本。

2. 关于会员功能： 有的工具软件的部分功能，需要开通会员才能使用，虽然有些功能有免费使用的次数，但是开通会员之后，就可以无限使用或增加使用次数。对于 AI 短视频的深度用户，建议开通会员，这样就能使用更多的功能和得到更好的用法体验。

3. 提示词的使用： 通过 AI 技术生成内容时，即使是相同的文字描述和操作指令，AI 每次生成的效果也不会完全一样，因此，读者要注意实践操作的重要性。

在进行创作时，需要注意版权问题，应该尊重他人的知识产权。另外，读者还需要注意安全问题，必须遵循相关法律法规和安全规范，确保作品的安全性和合法性。

© 资源获取

本书提供了大量技能实例的素材文件、效果文件、视频文件以及提示词，同时还赠送 DeepSeek 最新技巧总结，即梦、可灵、海螺 AI 短视频制作教程，DeepSeek+ 即梦、DeepSeek+ 剪映一键生成教学视频，Sora 部署视频生成实战。扫一扫下面的二维码，推送到邮箱后下载获取。

素材、视频

效果、提示词

赠送资源

💝 作者信息

本书由湖南大众传媒职业技术学院的岳伟编写。提供素材和拍摄人员还有高彪、向小红等人，在此表示感谢。

由于作者知识水平有限，书中难免有疏漏之处，恳请广大读者批评、指正。

编　者

目　录

·一键生成篇·

· 智能剪辑篇 ·

· 虚拟角色篇 ·

·案例实战篇·

一键生成篇

第 1 章

文生视频：使用文字一键生成 AI 短视频

章前知识导读

　　用户可以通过多种方式制作 AI 短视频，其中一种常见方法是使用文字来生成对应的视频内容。如果对生成的 AI 短视频效果不满意，用户还可以通过替换素材等手段来提升视频质量。

新手重点索引

■ 腾讯智影：输入文字生成短视频　　　　■ 一帧秒创：导入文件生成短视频

■ 即梦 Dreamina：输入文本信息生成视频

效果图片欣赏

仿佛把整个夏天的清新都融进了口中

肥瘦相间

【效果展示】：腾讯智影是一个云端智能视频创作平台，它旨在帮助用户更好地进行视频化的表达。该平台无须下载，通过电脑浏览器访问即可，它提供了一系列丰富的功能和工具，以满足用户在视频创作方面的需求。在腾讯智影平台中，用户可以通过输入文字来生成短视频，效果如图 1-1 所示。

图 1-1　在腾讯智影平台中输入文字生成的短视频效果

1.1.1　输入文字生成短视频

借助腾讯智影的"文章转视频"功能，用户只需输入文字信息即可生成短视频的雏形。下面将介绍具体的操作步骤。

扫码看视频

STEP 01 打开浏览器（如 360 浏览器），在其中使用搜索引擎（如 360 搜索），输入并搜索"腾讯智影"，单击"搜索"按钮，在浏览器中查找腾讯智影的官网，在搜索结果中，单击腾讯智影官网的对应链接，如图 1-2 所示。

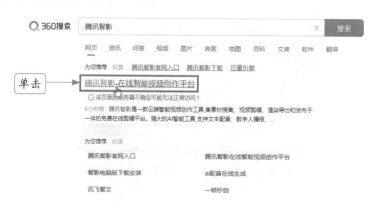

图 1-2　单击腾讯智影官网的对应链接

STEP 02 进入腾讯智影的官网默认页面，单击页面右上方的"登录"按钮，如图 1-3 所示。

图 1-3　腾讯智影的默认页面

STEP 03 在弹出的对话框中，根据提示进行操作，即可注册或登录账号，并进入腾讯智影的"创作空间"页面，单击页面中的"文章转视频"按钮，如图 1-4 所示。

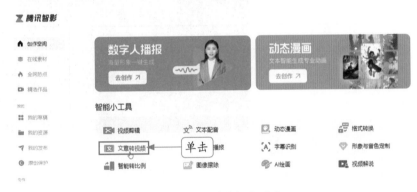

图 1-4　"创作空间"页面

STEP 04 进入"文章转视频"页面，在文本框中输入文字信息，并设置短视频的生成信息，如设置"成片类型"为"解压类视频"，设置"视频比例"为"横屏"，设置"朗读音色"为"康哥"，单击"生成视频"按钮，如图 1-5 所示，即可开始短视频的生成。

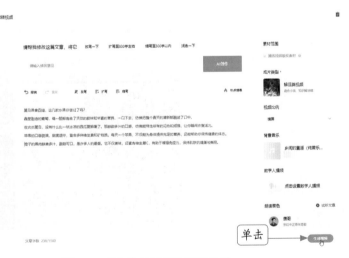

图 1-5　"文章转视频"页面设置

STEP 05 执行以上操作后，将弹出一个对话框，该对话框中将显示短视频剪辑生成的进度，如图 1-6 所示，用户只需等待短视频生成即可。

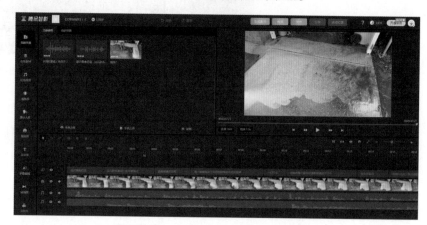

图 1-6　显示视频剪辑生成的进度

STEP 06 稍等片刻，即可进入短视频编辑页面，查看生成的短视频雏形，如图 1-7 所示。

图 1-7　查看生成的短视频雏形

1.1.2　替换不合适的素材

从图 1-7 中可以看得出，虽然腾讯智影生成的短视频各项要素都很齐全，但是短视频素材与输入的文字信息却不匹配。因此，用户可以自行替换这些不匹配的短视频素材。下面介绍具体的操作步骤。

扫码看视频

STEP 01 在腾讯智影中用文字生成的短视频可能把所有素材都连在一起了，为了方便替换素材，用户需要先将短视频分割开来。将时间轴拖曳至需要分割短视频的位置，单击"分割"按钮，如图 1-8 所示。

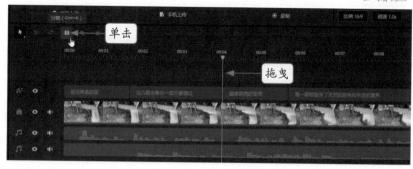

图 1-8　分割短视频

STEP 02 执行以上操作后，即可将短视频分割开，如图 1-9 所示。

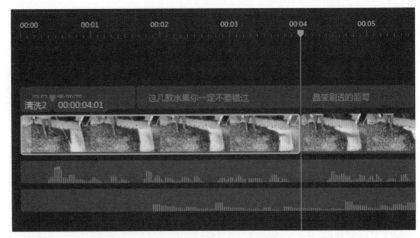

图 1-9　将短视频分割开

STEP 03 按照同样的方法，将短视频的其他部分都分割开，如图 1-10 所示。

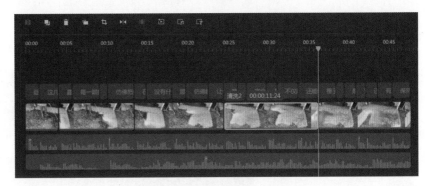

图 1-10　将短视频的其他部分都分割开

STEP 04 进入短视频编辑页面，单击"当前使用"选项卡中的"本地上传"按钮，如图 1-11 所示。

图 1-11　单击"本地上传"按钮

STEP 05 执行以上操作后，弹出"打开"对话框，选择要上传的所有素材，单击"打开"按钮，如图 1-12 所示。

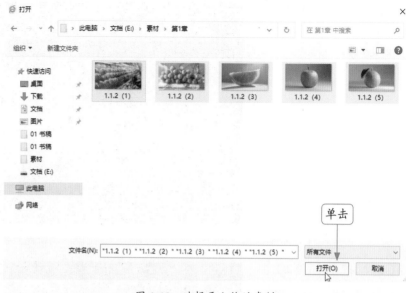

图 1-12　选择要上传的素材

STEP 06 执行上一步操作后，如果"当前使用"选项卡中显示刚刚选择的图片素材，则说明这些图片素材上传成功，如图 1-13 所示。

图 1-13　图片素材上传成功

STEP 07 图片素材上传成功后，即可开始进行替换，在视频轨道的第一段素材上单击"替换素材"按钮，如图 1-14 所示。

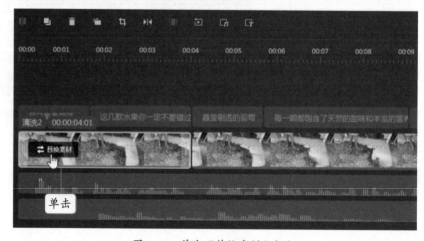

图 1-14　单击"替换素材"按钮

STEP 08 弹出"替换素材"面板，在"我的资源"选项卡中选择要替换的图片素材，如图 1-15 所示。

图 1-15　选择要替换的图片素材

STEP 09 执行以上操作后，即可预览图片素材的效果，单击"替换"按钮，如图 1-16 所示，进行图片素材的替换。

STEP 10 如果对应视频轨道中显示刚刚选择的图片素材，则说明图片素材替换成功，如图 1-17 所示。

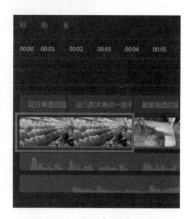

图 1-16　单击"替换"按钮　　　　　　图 1-17　图片素材替换成功

STEP 11 按照同样的方法，将素材按顺序进行替换，效果如图 1-18 所示，即可完成短视频的制作。

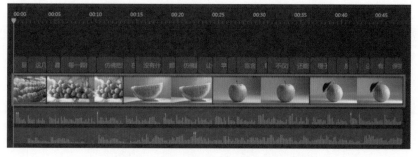

图 1-18　将素材按顺序进行替换的效果

▶ 1.1.3 合成并导出短视频

在腾讯智影中制作好短视频后，用户可以将制作的短视频进行合成和导出。下面介绍具体的操作步骤。

扫码看视频

STEP 01 单击短视频编辑页面上方的"合成"按钮，如图 1-19 所示，进行短视频的合成。

图 1-19 单击"合成"按钮

STEP 02 在弹出的"合成设置"对话框中，设置短视频的名称和分辨率，单击"合成"按钮，如图 1-20 所示。

图 1-20 设置短视频的名称和分辨率

STEP 03 执行以上操作后，会自动跳转至"我的资源"页面，并对短视频进行合成。短视频合成后，单击对应短视频的封面，如图 1-21 所示，即可进入短视频预览页面，查看短视频的效果，具体参见【效果展示】。

> ▶ **专家指点**
>
> 腾讯智影的标题显示有一些问题，部分标点可能会出现无法显示的情况。例如，保存短视频时，将标题设置为："1.1.3 合成并导出短视频"，短视频导出后，在腾讯智影中显示的标题可能会变成："11.3 合成并导出短视频"。对此，用户可以先将腾讯智影中的短视频保存到自己的计算机中，再根据实际情况进行修改。

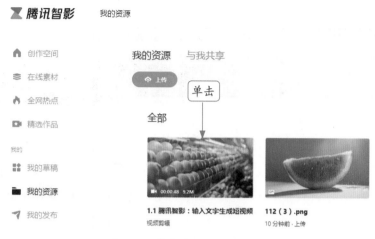

图 1-21　单击对应短视频的封面

1.2　一帧秒创：导入文件生成短视频

【效果展示】：一帧秒创是一款专业的短视频编辑应用，提供了丰富的视频剪辑功能和创意特效，让用户可以轻松制作精美的短视频作品。在一帧秒创平台中，用户可以通过导入文件来生成短视频，效果如图 1-22 所示。

图 1-22　在一帧秒创平台中导入文件生成的短视频效果

▶ 1.2.1　导入文件生成短视频

借助一帧秒创的"图文转视频"功能，用户只需导入文件，便可以快速生成短视频的雏形。下面介绍具体的操作步骤。

扫码看视频

STEP 01 打开搜索引擎（如百度），在输入框中输入"一帧秒创"，单击"百度一下"按钮，在浏览器中查找一帧秒创的官网，在搜索结果中，单击一帧秒创官网的对应链接，如图 1-23 所示。

图 1-23　一帧秒创官网的对应链接

STEP 02 进入一帧秒创的"首页"页面，单击"立即创作"按钮，如图 1-24 所示，开始进行 AI 短视频的创作。

图 1-24　单击"立即创作"按钮

STEP 03 在弹出的登录页面中，通过手机登录或扫码登录的方式，登录账号并进入一帧秒创的"首页"页面，单击"图文转视频"面板中的"去创作"按钮，如图 1-25 所示。

图 1-25　单击"去创作"按钮

STEP 04 进入"图文转视频"页面，切换至"Word导入"选项卡，单击"选择文件"按钮，如图 1-26 所示。

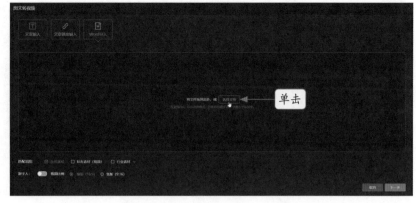

图 1-26 单击"选择文件"按钮

STEP 05 在弹出的"打开"对话框中选择需要上传的文件，单击"打开"按钮，如图 1-27 所示。

图 1-27 单击"打开"按钮

STEP 06 执行以上操作后，在"图文转视频"页面中出现对应的文件，则说明文件上传成功。文件上传成功后，单击"下一步"按钮，如图 1-28 所示。

图 1-28 要上传的文件上传成功

STEP 07 进入"编辑文稿"页面，系统会自动对文案进行分段，在生成短视频时，每一段文案就对应一段素材，根据要求对文案进行调整，单击"下一步"按钮，如图 1-29 所示，即可开始生成短视频。

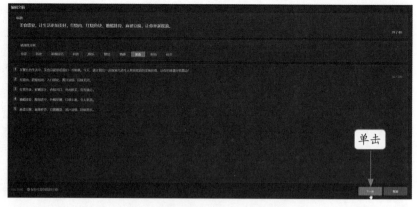

图 1-29 对文案的自动分段

STEP 08 稍等片刻，可进入短视频的编辑页面，查看系统自动生成的短视频效果，如图 1-30 所示。

图 1-30 查看系统自动生成的视频效果

1.2.2 替换不合适的素材

当用户对一帧秒创生成的短视频效果不满意时，便可以替换其中不太合适的短视频素材，从而提升整个短视频的效果。如何在一帧秒创中替换短视频的素材呢？下面介绍具体的操作步骤。

扫码看视频

STEP 01 选择不满意的短视频素材，单击"替换"按钮，如图 1-31 所示，对短视频的素材进行替换。

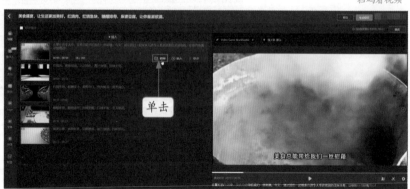

图 1-31 选择不满意的短视频素材

STEP 02 执行以上操作后，弹出相应对话框，用户可以通过多种方式替换素材。以上传本地文件替换素材为例，单击"本地上传"按钮，如图 1-32 所示。

图 1-32 单击"本地上传"按钮

STEP 03 在弹出的"打开"对话框中选择需要进行替换的素材，单击"打开"按钮，如图 1-33 所示。

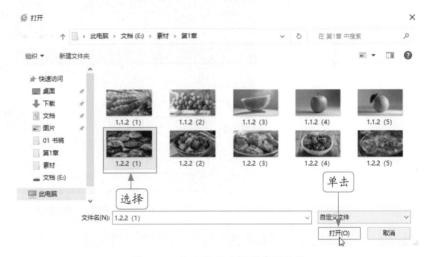

图 1-33 打开需要上传的素材文件

STEP 04 自动跳转至"我的素材"选项卡，在该选项卡中选择刚刚上传的图片素材，单击"使用"按钮，如图 1-34 所示。

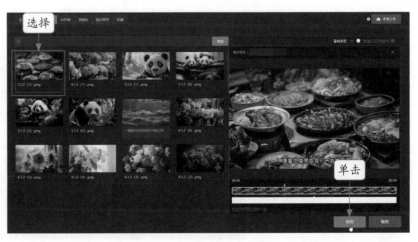

图 1-34 选中图片素材

STEP 05 执行以上操作后，即可完成对应短视频素材的替换，如图 1-35 所示。

图 1-35　完成对应视频素材的替换

STEP 06 按照同样的操作方法，替换其他不合适的短视频素材，效果如图 1-36 所示。

图 1-36　替换其他不合适的短视频素材的效果

▶️ 1.2.3　预览并导出短视频

在将不适合的短视频素材替换后，就基本上完成了短视频的制作。这时用户可以预览短视频的效果，并将短视频导出备用。下面介绍具体的操作步骤。

扫码看视频

STEP 01 单击短视频生成页面右上方的"预览"按钮，如图 1-37 所示。

图 1-37　单击"预览"按钮

STEP 02 执行以上操作后，即可在弹出的"预览"对话框中查看短视频的效果，如图 1-38 所示，相关的效果截图参见【效果展示】。

图 1-38　查看短视频的效果

STEP 03 如果用户对短视频的预览效果比较满意，可以单击短视频生成页面中的"生成视频"按钮，如图 1-39 所示，进行短视频的生成。

图 1-39　短视频生成

STEP 04 进入"生成视频"页面，在该页面中设置短视频的标题，单击"生成视频"按钮，如图 1-40 所示。

图 1-40　设置短视频的标题

STEP 05 执行以上操作
后，会跳转至"我的作品"
页面，并显示短视频的合
成进度，如图 1-41 所示。

图 1-41　显示短视频的合成进度

STEP 06 如果显示短视频
的生成时间，就说明短
视频生成成功。此时，
只需单击"我的作品"页
面中对应短视频封面下方
的"下载视频"按钮，如
图 1-42 所示，将短视频下
载并保存即可。

图 1-42　下载短视频

1.3　即梦 Dreamina：输入文本信息生成视频

　　【效果展示】：即梦 Dreamina 是由剪映推出的 AI 创作工具，它旨在通过人工智能技术帮助用户
轻松创作具有创意的图文和短视频内容。在即梦 Dreamina 平台中，用户可以通过输入文本信息生成
短视频，效果如图 1-43 所示。

图 1-43　在即梦 Dreamina 中输入文本信息生成的短视频效果

图 1-43　在即梦 Dreamina 中输入文本信息生成的短视频效果（续）

1.3.1　输入文本信息

借助即梦 Dreamina 的"文本生视频"功能，用户只需输入文本内容（即提示词），便可以快速生成短视频。下面介绍具体的操作步骤。

STEP 01 打开浏览器（如 360 浏览器），使用搜索引擎（如 360 搜索）输入并搜索"即梦 Dreamina"，单击"搜索"按钮，在浏览器中查找即梦 Dreamina 的官网，在搜索结果中，单击即梦 Dreamina 的对应链接，如图 1-44 所示。

图 1-44　即梦 Dreamina 官网的对应链接

STEP 02 进入即梦 Dreamina 的官网默认页面，单击页面右上方的"登录"按钮，如图 1-45 所示。

图 1-45　"即梦 Dreamina"页面

STEP 03 执行以上操作后，进入即梦 Dreamina 的登录页面，选中相应的复选框，单击"登录"按钮，如图 1-46 所示。

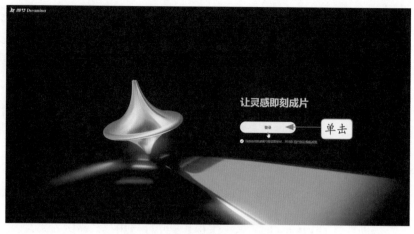

图 1-46 登录"即梦 Dreamina"

STEP 04 执行上一步操作后，弹出"抖音"对话框，如图 1-47 所示，在该对话框中用户可以通过扫码授权或验证码授权（即通过手机验证码授权）进行登录。以扫码授权登录为例，在手机上打开抖音 App，并进行扫码即可登录即梦 Dreamina。

图 1-47 抖音授权登录对话框

STEP 05 进入即梦 Dreamina 的官网"首页"页面，在"AI 视频"选项区域中，单击"视频生成"按钮，如图 1-48 所示。

图 1-48 单击"视频生成"按钮

STEP 06 进入"视频生成"页面，单击"文本生视频"按钮，如图 1-49 所示，进行选项卡的切换。

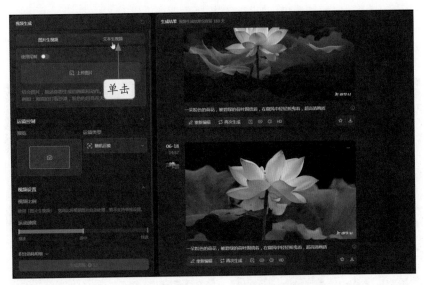

图 1-49　单击"文本生视频"按钮

STEP 07 执行以上操作后，切换至"文本生视频"选项卡，将鼠标指针移至该选项卡的输入框中，如图 1-50 所示。

STEP 08 在输入框中根据要求输入提示词，如图 1-51 所示，即可完成短视频文本信息的输入。

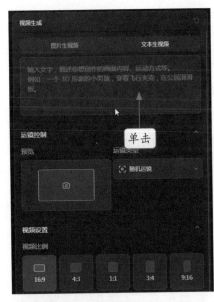

图 1-50　单击选项卡中的输入框

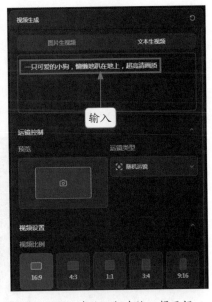

图 1-51　在输入框中输入提示词

▶️ 1.3.2　设置短视频的生成信息

输入文本信息之后，用户可以对短视频生成信息进行设置，为短视频的生成做好准备。下面介绍具体操作步骤。

扫码看视频

STEP 01 在"视频生成"页面的"文本生视频"选项卡中，单击"运镜类型"下方的"随机运镜"按钮，在弹出的列表框中选择对应的选项，如选择"推近"选项，如图 1-52 所示，进行运镜方式的设置。

STEP 02 根据要求设置视频的比例和运动的速度，如设置"视频比例"为 16：9、"运动速度"为"适中"，如图 1-53 所示，即可完成短视频生成信息的设置。

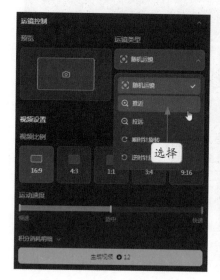 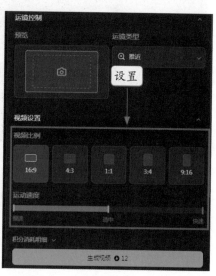

图 1-52　选择"推近"选项　　　　　图 1-53　"视频设置"的参数设置

1.3.3　生成初步的短视频

在短视频生成信息设置完成后，用户便可以使用即梦 Dreamina 生成初步的短视频。下面介绍具体的操作步骤。

扫码看视频

STEP 01 进入"文本生视频"选项卡，单击该选项卡下方的"生成视频"按钮，如图 1-54 所示，进行短视频的生成。

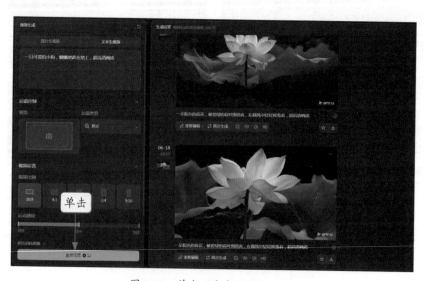

图 1-54　单击"生成视频"按钮

STEP 02 执行以上操作后，系统会根据设置的信息生成短视频，并显示短视频的生成进度，如图 1-55 所示。

图 1-55　显示短视频的生成进度

STEP 03 如果"视频生成"页面的右侧显示对应短视频的封面，就说明短视频生成成功，如图 1-56 所示。

图 1-56　短视频生成成功

STEP 04 短视频生成成功后，用户可以单击对应短视频封面右下角的按钮，如图 1-57 所示，全屏预览短视频。

图 1-57　单击按钮

23

▶ 1.3.4 调整短视频的效果

短视频生成并预览之后，如果用户对生成的短视频不满意，可以通过一些操作进行调整，从而生成一条更符合要求的短视频。下面介绍具体的操作步骤。

扫码看视频

STEP 01 在"视频生成"页面中，单击需要调整的短视频下方的"重新编辑"按钮，如图 1-58 所示。

图 1-58 单击"重新编辑"按钮

▶ **专家指点**

在调整短视频效果时，用户除了单击"重新编辑"按钮，调整短视频的生成信息外，也可以跳过单击"重新编辑"按钮的步骤，直接调整短视频的生成信息。

STEP 02 执行以上操作后，在"视频生成"页面的"文本生视频"选项卡中，调整提示词，单击"生成视频"按钮，如图 1-59 所示，调整短视频的生成信息，并重新生成短视频。

图 1-59 单击"生成视频"按钮

STEP 03 执行上一步操作后，即梦 Dreamina 即可根据调整的信息重新生成一条短视频，如图 1-60 所示。

图 1-60　重新生成一条短视频

STEP 04 如果用户对重新生成的短视频比较满意，可以将其下载至自己的计算机中。单击对应短视频封面下方的"开通会员下载无水印视频"按钮，如图 1-61 所示。

图 1-61　单击"开通会员 下载无水印视频"按钮

STEP 05 执行以上操作后，在弹出的"新建下载任务"对话框中设置短视频的下载信息，单击"下载"按钮，如图 1-62 所示。

图 1-62　单击"下载"按钮

STEP 06 弹出"下载"对话框，如果该对话框的"已完成"选项卡中显示对应短视频的相关信息，就说明该短视频下载成功了。短视频下载成功后，用户可以单击"打开所在目录"按钮 ▭，如图 1-63 所示。

图 1-63　单击"打开所在目录"按钮

STEP 07 执行以上操作后，即可进入相应的文件夹中查看下载完成的短视频，如图 1-64 所示。

图 1-64　查看下载完成的短视频

第2章

图生视频：上传图片一键生成 AI 短视频

章前知识导读

　　用户不仅可以使用文字生成短视频，还可以使用图片素材直接制作短视频。许多 AI 工具和软件提供了这一功能。本章将以剪映 App、Runway 和即梦 Dreamina 为例进行讲解。

新手重点索引

剪映 App：导入图片生成短视频　　Runway：上传图片生成短视频

即梦 Dreamina：使用图片生成短视频

效果图片欣赏

2.1　剪映 App：导入图片生成短视频

【效果展示】：剪映 App 是一款功能全面的视频编辑工具。它由抖音官方推出，旨在为用户提供简单易用且功能强大的视频创作体验。在剪映 App 中，用户可以借助"一键成片"功能导入图片素材，并生成一条 AI 短视频，效果如图 2-1 所示。

图 2-1　在剪映 App 中导入图片素材生成的短视频效果

2.1.1　导入图片素材

使用剪映 App 的"一键成片"功能生成短视频，需要先导入图片素材。下面介绍具体的操作步骤。

扫码看视频

STEP 01 打开手机（注：以苹果手机为例），点击手机桌面上的 App Store 图标，如图 2-2 所示，进入软件商店。

STEP 02 点击软件商店的 Today 界面下方的"搜索"按钮，如图 2-3 所示，进入"搜索"界面。

STEP 03 在搜索框中输入搜索关键词，如输入"剪映"，点击"搜索"按钮，如图 2-4 所示，进行 App 的搜索。

图 2-2　点击 App Store 图标　　　图 2-3　搜索界面　　　图 2-4　点击"搜索"按钮

STEP 04 随后，手机将自动搜索相关的 App，点击"剪映"右侧的 ⟱（下载）按钮（如果手机未下载过该软件，此处会显示"获取"按钮），如图 2-5 所示，让手机下载并安装 App。

STEP 05 执行上一步操作后，将显示 App 的下载和安装进度，如图 2-6 所示。

STEP 06 App 下载安装完成后，⟱（下载）按钮会变成"打开"按钮，点击"打开"按钮，如图 2-7 所示，即可打开 App。

图 2-5　点击按钮　　　　图 2-6　显示 App 的下载和安装进度　　　　图 2-7　点击"打开"按钮

STEP 07 进入剪映 App，弹出"个人信息保护指引"面板，点击该面板中的"同意"按钮，如图 2-8 所示。

STEP 08 打开剪映 App，点击"我的"按钮，如图 2-9 所示。

STEP 09 进入剪映 App 的登录界面，用户可以使用抖音或苹果账号登录剪映 App。以使用抖音账号登录剪映 App 为例，用户只需选中"已阅读并同意剪映用户协议和剪映隐私政策"复选框，点击"抖音登录"按钮即可，如图 2-10 所示。

图 2-8　点击"同意"按钮　　　　图 2-9　点击"我的"按钮　　　　图 2-10　点击"抖音登录"按钮

STEP 10 跳转至抖音的相关界面，进行账号的登录。如果"我的"界面中显示账号的相关信息，就说明账号登录成功，如图 2-11 所示。

STEP 11 登录剪映 App 后，点击"剪辑"按钮，返回"剪辑"界面，点击"一键成片"按钮，如图 2-12 所示。

STEP 12 进入"最近项目"界面，点击"照片"按钮，如图 2-13 所示，进行选项卡的切换。

图 2-11　账号登录成功　　　图 2-12　点击"一键成片"按钮　　　图 2-13　点击"照片"按钮

STEP 13 切换至"照片"选项卡，在该选项卡中选择图片素材，点击"下一步"按钮，如图 2-14 所示。

STEP 14 执行上一步操作后，会识别素材，并显示素材的识别进度，如图 2-15 所示。

STEP 15 素材识别完成后，即可将图片素材导入剪映 App 中，如图 2-16 所示，并使用默认模板生成一条短视频。

  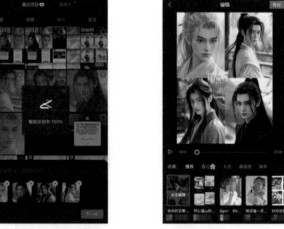

图 2-14　点击"下一步"按钮　　图 2-15　显示素材的识别进度　　图 2-16　将图片素材导入剪映 App 中

2.1.2　选择合适的模板

将图片素材导入剪映 App 后，用户可以选择合适的模板生成一条新的 AI 短视频。下面介绍具体的操作步骤。

扫码看视频

STEP 01 点击短视频预览界面中的按钮进行选项卡的切换，例如，点击"春日"按钮，如图 2-17 所示。

STEP 02 执行上一步操作后，切换至"春日"选项卡。在该选项卡中选择一个合适的短视频模板，如图 2-18 所示，即可使用该模板制作短视频。

图 2-17　点击"春日"按钮　　　　图 2-18　选择一个合适的短视频模板

▶ 2.1.3　快速导出短视频

选择模板制作好短视频后，用户可以在剪映 App 中快速导出制作好的短视频。下面介绍具体的操作步骤。

扫码看视频

STEP 01 点击短视频预览界面右上方的"导出"按钮，如图 2-19 所示。

STEP 02 在弹出的"导出设置"面板中点击 按钮，如图 2-20 所示。

STEP 03 执行操作后，将显示短视频的导出进度，如果显示"导出成功"就说明短视频导出成功，如图 2-21 所示。短视频导出成功后，用户可以在手机相册中查看短视频的效果。具体的效果截图参见【效果展示】。

图 2-19　点击"导出"按钮　　　图 2-20　点击按钮　　　图 2-21　短视频导出成功

2.2 Runway：上传图片生成短视频

【效果展示】：Runway 是一款简单、易用的 AI 短视频制作工具。在 Runway 中，用户可以上传图片，让 Runway 参照该图片生成一条短视频，效果如图 2-22 所示。

图 2-22　在 Runway 中上传图片生成的短视频效果

2.2.1　上传图片素材

用户在 Runway 中使用图片生成短视频，需要先导入图片素材。下面介绍具体的操作步骤。

扫码看视频

STEP 01 打开浏览器（如谷歌），在输入框中输入 Runway，按 Enter 键确认，在浏览器中查找 Runway 的官网，在搜索结果中单击 Runway 官网的对应链接，如图 2-23 所示。

图 2-23　单击 Runway 官网的对应链接

STEP 02 进入 Runway 的官网默认页面，单击 Sign Up-It's Free（免费注册）按钮，如图 2-24 所示。

图 2-24　单击 Sign Up-It's Free 按钮

STEP 03 进 入 Create an account（创建一个账户）页面，在该页面中输入电子邮箱，单击 Next（下一步）按钮，如图 2-25 所示。

图 2-25 输入电子邮箱

STEP 04 在新跳转的页面中输入账号名称和密码，并确认密码，单击 Next 按钮，如图 2-26 所示。

图 2-26 输入账号名称和密码

STEP 05 在新跳转的页面中输入自己的名和姓（组织内容可选填），单击 Create Account（创建账户）按钮，如图 2-27 所示。

图 2-27 输入自己的名和姓

STEP 06 执行以上操作后，Runway 会对注册信息进行验证，验证完成后，单击 Runway 官网默认页面中的 LOG IN（登录）按钮，并输入账号和密码，即可登录 Runway 的账号。

进入 Runway 的 Home 页面（主页），单击该页面中的 Try Gen-2（尝试第二代版本）按钮，如图 2-28 所示，开始尝试使用第二代系统。

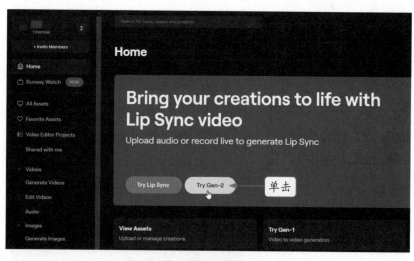

图 2-28　Runway 官网默认页面

STEP 07 执行上一步操作后，进入 Text/Image to Video（文本/图像转视频）页面，单击 图标，如图 2-29 所示，上传图片素材。

图 2-29　Text/Image to Video 页面

STEP 08 在弹出的"打开"对话框中选择需要上传的图片素材，单击"打开"按钮，如图 2-30 所示，将该图片素材上传至 Runway 中。

图 2-30　选中需要上传的图片素材

STEP 09 执行以上操作后，如果 Text/Image to Video 页面中出现刚刚选择的图片素材，就说明该图片素材上传成功，如图 2-31 所示。

图 2-31　图片素材上传成功

2.2.2　生成短视频

上传图片素材后，用户只需进行简单的操作，即可快速生成短视频。下面介绍具体的操作步骤。

扫码看视频

STEP 01 图片上传成功后，单击 Generate 4s（生成 4 秒的视频）按钮，如图 2-32 所示，进行短视频的生成。

单击

图 2-32　单击 Generate 4s 按钮

STEP 02 执行上一步操作后，会显示 "Your video is generating and will be done in a few minutes.（您的视频正在生成，将在几分钟内完成）"，如图 2-33 所示。此时，用户只需等待短视频生成即可。

STEP 03 如果 Text/Image to Video 页面的右侧显示短视频内容，就说明短视频生成成功，如图 2-34 所示。

图 2-33　显示短视频生成的相关信息

图 2-34　短视频生成成功

STEP 04 生成短视频后，用户还可以对短视频进行调整。以延长短视频为例，只需要单击生成的短视频上方的 Extend（延长）按钮即可，如图 2-35 所示。

图 2-35　单击 Extend 按钮

STEP 05 Text/Image to Video 页面的左侧会出现延长短视频的相关信息，用户可以在此处设置短视频的延长信息，单击 Extend 4s 按钮，如图 2-36 所示。

图 2-36　单击 Extend 4s 按钮

STEP 06 执行以上操作后，即可生成延长 4 秒的短视频，如图 2-37 所示。

图 2-37　生成延长 4 秒的短视频

2.2.3　预览并下载短视频

在 Runway 中制作短视频后，用户可以预览短视频的效果，并将短视频下载至计算机中。下面介绍具体的操作步骤。

扫码看视频

STEP 01 进入 Runway 的 Text/Image to Video 页面，单击对应短视频封面上方的 Download （下载）按钮 ⬇，如图 2-38 所示。

STEP 02 执行操作后，可以使用浏览器下载对应的短视频，如果弹出一个对话框，并显示"完成"，就说明短视频下载成功，如图 2-39 所示。

STEP 03 单击 ⬇ 按钮，将显示"近期的下载记录"，单击对应短视频名称右侧的"在文件夹中显示"按钮 🗀，如图 2-40 所示，即可在对应文件夹中查看短视频，并将短视频复制、粘贴至其他位置。

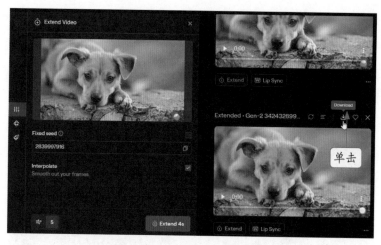

图 2-38　单击 Download 按钮

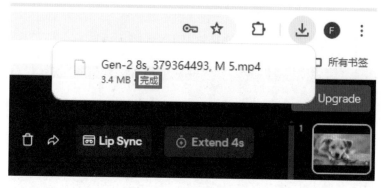

图 2-39　短视频下载成功

图 2-40　单击"在文件夹中显示"按钮

2.3　即梦 Dreamina：使用图片生成短视频

　　【效果展示】：在即梦 Dreamina 中，用户可以借助"图片生视频"功能，使用图片生成短视频，效果如图 2-41 所示。

图 2-41　在即梦 Dreamina 中使用图片生成的短视频效果

▶ 2.3.1　上传图片素材

在即梦 Dreamina 中使用图片生成短视频时，用户需要先上传图片素材。下面介绍使用即梦 Dreamina 上传图片素材的具体操作步骤。

扫码看视频

STEP 01 进入"视频生成"页面的"图片生视频"选项卡，单击"上传图片"按钮，如图 2-42 所示。

图 2-42　单击"上传图片"按钮

STEP 02 弹出"打开"对话框，选择需要上传的图片素材，单击"打开"按钮，如图 2-43 所示。

STEP 03 执行以上操作后，如果"图片生视频"选项卡中显示图片信息，则说明图片素材上传成功，如图 2-44 所示。

图 2-43　选择需要上传的图片

图 2-44　图片素材上传成功

2.3.2　设置短视频的生成信息

图片素材上传成功后，用户可以根据要求对短视频的生成信息进行设置。下面介绍具体的操作步骤。

扫码看视频

STEP 01 在上传的图片素材下方的输入框中输入提示词，如图 2-45 所示，完成短视频文本信息的设置。

图 2-45　输入提示词

STEP 02 在"视频生成"页面的"图片生视频"选项卡中，单击"运镜类型"下方的"随机运镜"按钮，在弹出的下拉列表中选择对应的选项，如选择"拉远"选项，如图 2-46 所示，设置运镜方式。

STEP 03 根据要求设置运动的速度，如设置"运动速度"为"适中"，如图 2-47 所示，即可完成短视频生成信息的设置。

图 2-46　选择"拉远"选项　　　　图 2-47　设置"运动速度"为"适中"

2.3.3　生成初步的短视频

上传图片并设置短视频信息后，用户便可以初步生成短视频了。下面介绍具体的操作步骤。

STEP 01 选择"图片生视频"选项卡，单击该选项卡下方的"生成视频"按钮，如图 2-48 所示，进行短视频的生成。

扫码看视频

图 2-48　单击"生成视频"按钮

STEP 02 执行上一步操作后，系统会根据设置的信息生成短视频，如果"视频生成"页面的右侧显示对应短视频的封面，就说明短视频生成成功，如图 2-49 所示。短视频生成成功后，用户可以单击对应短视频封面右下角的▦按钮，即可全屏预览短视频。

图 2-49　短视频生成成功

2.3.4　调整短视频的效果

当用户对生成的短视频不满意时，可以通过简单的操作，调整相关信息，并重新生成一条短视频。下面介绍具体的操作步骤。

STEP 01 在"视频生成"页面中，单击需要调整的短视频下方的"重新编辑"按钮，如图 2-50 所示。

图 2-50　单击"重新编辑"按钮

STEP 02 执行上一步操作后，在"视频生成"页面的"图片生视频"选项卡中，调整运镜的方式，如选择"推近"选项，单击"生成视频"按钮，如图 4-51 所示，调整短视频的生成信息，并重新生成短视频。

STEP 03 执行上一步操作后，即梦 Dreamina 即可根据调整的信息，重新生成一条短视频，如图 2-52 所示。

STEP 04 如果用户对重新生成的短视频比较满意，可以将其下载至个人的计算机中。单击对应短视频封面下方的"开通会员 下载无水印视频"按钮，如图 2-53 所示。

图 2-51 调整运镜的方式

图 2-52 重新生成一条短视频

图 2-53 下载重新生成的短视频

STEP 05 执行以上操作后，在弹出的"新建下载任务"对话框中设置短视频的下载信息，单击"下载"按钮，如图 2-54 所示。

图 2-54 在"新建下载任务"对话框中设置下载信息

STEP 06 弹出"下载"对话框，如果该对话框的"已完成"选项卡中显示对应短视频的相关信息，就说明该短视频下载成功，如图 2-55 所示。

图 2-55 短视频下载成功

第3章

模板生视频：套用模板一键生成 AI 短视频

章前知识导读

许多工具为用户提供了丰富的模板，用户使用这些模板并替换素材，即可快速生成短视频。本章将以必剪 App 和剪映电脑版为例，为大家讲解使用模板快速生成短视频的相关操作技巧。

新手重点索引

- 必剪 App：套用模板生成短视频
- 剪映电脑版：筛选模板生成短视频

效果图片欣赏

【效果展示】：必剪 App 是一款功能强大的视频剪辑工具，为用户提供了一站式的视频创作体验。在必剪 App 中，用户可以套用所选的模板快速生成短视频，效果如图 3-1 所示。

图 3-1 使用必剪 App 套用模板生成的短视频效果

3.1.1 查找所需的模板

在必剪 App 中套用模板生成短视频时，用户应先查找所需的模板，将需要使用的模板确定下来。下面介绍具体的操作步骤。

扫码看视频

STEP 01 在手机软件商店"搜索"界面的搜索框中输入"必剪"，点击"搜索"按钮进行搜索，点击搜索结果中"必剪"右侧的↓按钮，如图 3-2 所示，让手机下载并安装 App。

STEP 02 App 下载安装完成后，↓按钮会变成"打开"按钮，点击"打开"按钮，如图 3-3 所示。

STEP 03 进入必剪 App，弹出"服务协议与隐私政策提示"面板，点击"同意并继续"按钮，如图 3-4 所示。

图 3-2 点击↓按钮　　图 3-3 点击"打开"按钮　图 3-4 点击"同意并继续"按钮

STEP 04 进入必剪 App 的"创作"界面，点击"我的"按钮，如图 3-5 所示。

STEP 05 进入"我的"界面，点击"注册/登录"按钮，如图 3-6 所示，进行必剪 App 账号的登录。

STEP 06 进入"登录"界面，在该界面中输入手机号和验证码，选中"登录即代表你同意用户协议和隐私政策"复选框，点击"验证登录"按钮，如图 3-7 所示。

图 3-5　点击"我的"按钮　　　　图 3-6　点击"注册/登录"按钮　　　　图 3-7　点击"验证登录"按钮

STEP 07 执行以上操作后，如果"我的"界面中显示账号头像和名称等信息，就说明账号登录成功，如图 3-8 所示。

STEP 08 点击"模板"按钮，如图 3-9 所示，进行界面的切换。

STEP 09 进入"模板"界面，点击界面上方的搜索框，如图 3-10 所示。

图 3-8　账号登录成功　　　　图 3-9　点击"模板"按钮　　　　图 3-10　点击界面上方的搜索框

STEP 10 在搜索框中输入搜索词，如输入"AI 绘画"，点击"搜索"按钮，如图 3-11 所示，搜索相关的模板。

STEP 11 执行上一步操作后，根据搜索结果，选择合适的短视频模板，如图 3-12 所示。

STEP 12 进入模板的预览界面，即完成模板的选择，并可以查看所选模板的效果，如图 3-13 所示。

图 3-11　在搜索框中输入搜索词　　图 3-12　选择合适的短视频模板　　图 3-13　查看所选模板的效果

3.1.2　套用模板生成短视频

模板确定后，用户只需将素材导入必剪 App，即可使用所选的模板生成短视频。下面介绍具体的操作步骤。

STEP 01 点击模板预览界面中的"剪同款"按钮，如图 3-14 所示。

STEP 02 进入"最近项目"界面，连续两次选择同一张图片素材，点击"下一步"按钮，如图 3-15 所示。

STEP 03 执行上一步操作后，会根据素材和所选的模板生成一条短视频，如图 3-16 所示。

图 3-14　点击"剪同款"按钮　　图 3-15　连续两次选择同一张图片　　图 3-16　生成一条短视频

3.1.3　导出制作完成的短视频

短视频制作完成之后，用户可以将其导出，并保存至手机相册中。下面介绍具体的操作步骤。

STEP 01 短视频制作好之后，点击短视频预览界面右上方的"导出"按钮，如图 3-17 所示。

STEP 02 执行上一步操作后，将显示短视频的生成进度，如图 3-18 所示。

STEP 03 如果显示"视频已保存在本地相册"，就说明短视频导出成功，如图 3-19 所示。

 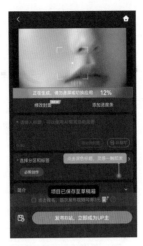 

图 3-17　短视频预览界面　　　　图 3-18　显示短视频的生成进度　　　　图 3-19　短视频导出成功

3.2　剪映电脑版：筛选模板生成短视频

【效果展示】：剪映电脑版是一款功能强大的视频编辑软件，为用户提供了一站式的视频剪辑解决方案。在剪映电脑版中，用户可以使用模板功能，套用模板生成一条短视频，效果如图 3-20 所示。

图 3-20　使用剪映电脑版模板功能生成的短视频效果

扫码看视频

3.2.1 安装并登录剪映电脑版

用户要使用剪映电脑版，需要下载安装对应的软件，并登录账号。下面介绍具体的操作步骤。

STEP 01 在浏览器（如360浏览器）中使用搜索引擎（如360搜索）输入并搜索"剪映专业版官网"，单击搜索结果中的剪映专业版官网链接，如图3-21所示，即可进入剪映的官网页面。

图 3-21 剪映专业版的官网链接

STEP 02 在"专业版"选项卡中单击"立即下载"按钮，如图3-22所示。

图 3-22 单击"立即下载"按钮

STEP 03 弹出"新建下载任务"对话框，单击"下载"按钮，如图3-23所示，将软件下载到本地文件夹中。

图 3-23 单击"下载"按钮

STEP 04 下载完成后，打开相应的文件夹，在剪映软件安装程序上右击，在弹出的快捷菜单中选择"打开"命令，如图 3-24 所示。

图 3-24　选择"打开"命令

STEP 05 执行上一步操作后，即可开始下载并安装剪映专业版，弹出"剪映专业版下载安装"对话框，显示下载和安装软件的进度，如图 3-25 所示。

STEP 06 安装完成后，弹出"环境检测"对话框，软件会对电脑环境进行检测，检测完成后，单击"确定"按钮，如图 3-26 所示。

图 3-25　显示下载和安装软件的进度　　图 3-26　"环境检测"对话框

STEP 07 执行上一步操作后，进入剪映专业版的"首页"界面，单击"点击登录账户"按钮，如图 3-27 所示。

STEP 08 弹出"登录"对话框，选中"已阅读并同意剪映用户协议和剪映隐私政策"复选框，单击"通过抖音登录"按钮，如图 3-28 所示。

图 3-27　剪映专业版"首页"界面　　图 3-28　剪映"登录"方式

STEP 09 执行上一步操作后，进入抖音登录界面，如图 3-29 所示，用户可以根据界面提示进行扫码登录或手机验证码登录，完成登录后，即可返回"首页"界面。

图 3-29　进入抖音登录界面

▶ 3.2.2　选择合适的模板

扫码看视频

剪映电脑版为用户提供了大量模板，用户可以对模板进行筛选，并选择合适的模板生成短视频。下面介绍在剪映电脑版中选择合适模板的具体操作。

STEP 01 启动剪映电脑版，在"首页"界面的左侧导航栏中，单击"模板"按钮，如图 3-30 所示。

图 3-30　单击"模板"按钮

STEP 02 进入"模板"界面，单击界面上方的输入框，如图 3-31 所示。

图 3-31　单击界面上方的输入框

STEP 03 根据所需的模板，在输入框中输入关键词，如输入"人像卡点"，如图 3-32 所示，按 Enter 键进行搜索。

图 3-32　输入关键词

STEP 04 执行上一步操作后，即可根据关键词搜索相关的模板，如图 3-33 所示。

图 3-33　根据关键词搜索相关的模板

STEP 05 根据要求对模板的相关信息进行设置，让搜索更加精准。找到所需的模板，单击"使用模板"按钮，如图 3-34 所示。

图 3-34　模板相关信息的设置

STEP 06 下载剪映电脑版
后，第一次使用某个模板
时会弹出模板的下载对话
框，并显示模板的下载进
度，如图3-35所示。

图 3-35　显示模板的下载进度

STEP 07 模板下载完成
后，即可进入模板的编辑
界面，查看模板的效果，
如图3-36所示。

图 3-36　查看模板的效果

▶ **专家指点**

　　在使用剪映电脑版生成短视频时，模板的选择会极大地影响短视频的最终效果，这主要是因为模板中的
背景音乐、文字信息和滤镜等信息都会被沿用。因此，在选择模板时，用户需要多查看几个模板，选择合适
的模板。

3.2.3　替换短视频的素材

　　在剪映电脑版中选择到合适的模板后，用户可以对模板中的素材进行替换，生成一
条自己满意的短视频。下面介绍具体的操作步骤。

扫码看视频

STEP 01 在模板编辑界面
的时间线窗口中，单击第
一条视频片段中的"替换"
按钮，如图 3-37 所示。

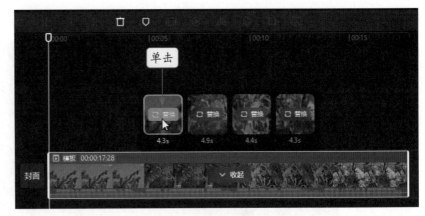

图 3-37 单击"替换"按钮

STEP 02 弹出"请选择媒
体资源"对话框，在该对
话框中选择相应的图片素
材，单击"打开"按钮，
如图 3-38 所示。

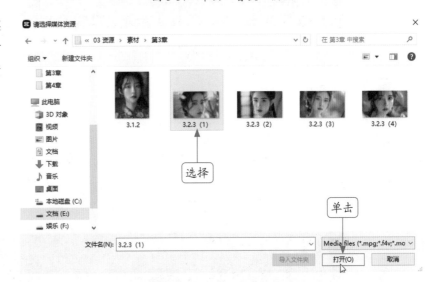

图 3-38 单击"打开"按钮

STEP 03 执行以上操作
后，即可将该图片素材添
加到视频轨道，如图 3-39
所示，同时导入到本地媒
体资源库中。

图 3-39 将图片素材添加到视频轨道

STEP 04 按照同样的操作方法，替换其他的图片素材，即可完成短视频的制作，如图 3-40 所示。

图 3-40　完成短视频的制作

▶ 3.2.4　预览并导出短视频

短视频素材替换完成后，便可以在剪映电脑版中预览短视频，如果对短视频的效果比较满意，还可以将其导出。下面介绍具体的操作步骤。

STEP 01 在剪映电脑版的"播放器"面板中单击"播放"按钮▶，播放短视频。单击"全屏显示"按钮 ，如图 3-41 所示，全屏显示短视频，预览短视频的效果。具体的效果截图参见【效果展示】。

扫码看视频

图 3-41　设置"播放器"面板

STEP 02 如果用户对短视频的效果比较满意，可以单击"导出"按钮，如图 3-42 所示，将短视频导出。

STEP 03 执行上一步操作后，会弹出"导出"对话框，如图 3-43 所示。

STEP 04 在"导出"对话框中设置短视频的导出参数，单击"导出"按钮，如图 3-44 所示，将短视频导出。

图 3-42　单击"导出"按钮

图 3-43　弹出"导出"对话框

图 3-44　设置短视频导出参数

STEP 05 执行上一步操作后，会弹出新的"导出"对话框，该对话框中会显示短视频的导出进度，如图 3-45 所示。

图 3-45　显示短视频的导出进度

STEP 06 在弹出新的"导出"对话框中显示"导出完成，去发布！"就说明短视频导出成功了，如图 3-46 所示。

图 3-46 短视频导出成功

▶ 专家指点

　　短视频导出后，在弹出的对话框（即图 3-46 所示的对话框）中显示的文字内容可能会有一些差异。对此，用户不必太过惊讶，只要文字的大意是短视频导出成功即可。短视频导出成功后，如果需要将短视频移动至其他位置，可以单击"打开文件夹"按钮，对导出的短视频进行相关操作。

第4章

视频生视频：上传视频一键生成 AI 短视频

章前知识导读

　　市面上有许多 AI 短视频制作工具可供使用。借助这些工具，用户不仅可以利用文案和图片制作短视频，还可以使用视频素材制作短视频。在本章中将以快影 App 和 Pika 为例，为大家讲解使用视频制作短视频的具体操作技巧。

新手重点索引

　　🎬 快影 App：导入视频生成短视频

　　🎬 Pika：上传视频生成短视频

效果图片欣赏

4.1 快影 App：导入视频生成短视频

【效果展示】：快影 App 是快手推出的一款视频编辑工具，其特色在于提供简单易用且功能强大的视频剪辑、制作和编辑体验。在快影 App 中，用户可以导入视频，并将导入的视频作为素材生成一条短视频，效果如图 4-1 所示。

图 4-1 在快影 App 中导入视频生成的短视频效果

4.1.1 导入视频素材

如果用户想借助特定视频生成一条短视频，可以先在快影 App 中导入视频素材。下面介绍具体的操作步骤。

扫码看视频

STEP 01 在手机软件商店"搜索"界面的搜索框中输入"快影"，点击"搜索"按钮进行搜索，点击搜索结果中"快影"右侧的 ☁ 按钮，如图 4-2 所示，下载并安装 App。

STEP 02 快影 App 下载安装完成后，☁ 按钮会变成"打开"按钮，点击"打开"按钮，如图 4-3 所示。

STEP 03 进入快影 App，弹出"用户协议及隐私政策"面板，点击"同意并进入"按钮，如图 4-4 所示。

图 4-2 点击按钮   图 4-3 点击"打开"按钮   图 4-4 点击"同意并进入"按钮

STEP 04 进入快影 App 的"剪辑"界面，点击"我的"按钮，如图 4-5 所示。

STEP 05 进入"我的"界面，在该界面中，用户可以使用苹果账号或通过其他方式登录快影 App。以通过其他方式登录快影 App 为例，用户只需点击"其他方式登录"按钮即可，如图 4-6 所示。

STEP 06 进入"手机号登录"界面，在该界面中输入手机号码和验证码，选中"登录即代表已阅读并同意《用户协议》和《隐私政策》"复选框，点击"登录"按钮，如图 4-7 所示。

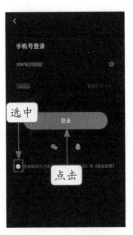

图 4-5 快影 App 的"剪辑"界面 　图 4-6 快影 App 的登录方式 　图 4-7 点击"登录"按钮

▶ 专家指点

在"手机登录"界面中，除了可以使用手机号登录之外，还可以通过微信号或 QQ 号登录，用户可以根据需求进行选择。

STEP 07 执行上一步操作后，如果"我的"界面中显示账号名称等信息，就说明账号登录成功。点击"剪辑"按钮，如图 4-8 所示，进行界面的切换。

STEP 08 进入"剪辑"界面，点击"一键出片"按钮，如图 4-9 所示。

STEP 09 进入"最近项目"界面的"照片"选项卡，点击"视频"按钮，如图 4-10 所示，进行选项卡的切换。

图 4-8 点击"剪辑"按钮 　图 4-9 点击"一键出片"按钮 　图 4-10 点击"视频"按钮

STEP 10 切换至"视频"选项卡，选择需要导入的视频素材，点击"一键出片"按钮，如图 4-11 所示。

STEP 11 执行上一步操作后，会使用所选的视频素材智能生成短视频，并显示短视频的生成进度，如图 4-12 所示。

STEP 12 稍等片刻，即可将所选的视频素材导入快影 App 中，并使用视频素材生成一条短视频，如图 4-13 所示。

图 4-11 点击"一键出片"按钮 图 4-12 显示短视频的生成进度 图 4-13 使用视频素材生成短视频

4.1.2 调整短视频的效果

在快影 App 中借助"一键出片"功能生成短视频时，因为使用的模板是随机的，所以可能会出现短视频效果不太理想的情况。对此，用户可以通过一些简单的操作来调整短视频的效果。

扫码看视频

下面介绍使用快影 App 调整短视频效果的具体操作步骤。

STEP 01 点击短视频预览界面中的按钮进行选项卡的切换，例如，点击"玩法"按钮，如图 4-14 所示。

STEP 02 执行上一步操作后，切换至"玩法"选项卡，在该选项卡中选择一个适合的短视频模板，如图 4-15 所示，即可使用该模板制作短视频，完成短视频的调整。

图 4-14 点击"玩法"按钮 图 4-15 选择一个适合的短视频模板

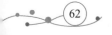

▶ 4.1.3 导出制作完成的短视频

在快影 App 中完成短视频的制作后，用户可以将制作完成的短视频导出。下面介绍具体的操作步骤。

扫码看视频

STEP 01 点击短视频预览界面右上方的"做好了"按钮，如图 4-16 所示。

STEP 02 在弹出的"导出设置"面板中点击↓按钮，如图 4-17 所示。

STEP 03 执行操作后，会显示短视频的导出进度，如果显示"视频已保存至相册和草稿"就说明短视频导出成功，如图 4-18 所示。短视频导出成功后，用户可以在手机相册中查看短视频的效果。具体的效果截图参见【效果展示】。

图 4-16　点击"做好了"按钮

图 4-17　点击按钮

图 4-18　短视频导出成功

4.2　Pika：上传视频生成短视频

【效果展示】：Pika 是一款简单易用的 AI 短视频制作工具，在 Pika 中，用户可以使用文字、图片和视频素材，生成短视频内容。具体来说，在 Pika 中上传视频生成的短视频效果，如图 4-19 所示。

图 4-19　在 Pika 中上传视频生成的短视频效果

▶ 4.2.1 上传视频素材

在 Pika 中生成短视频时，用户可以先上传视频素材，这样 Pika 便可以在视频素材的基础上进行短视频的制作。下面介绍具体的操作步骤。

STEP 01 打开浏览器（如谷歌），在输入框中输入 Pika，按 Enter 键确认，在浏览器中查找 Pika 的官网。在搜索结果中，单击 Pika 官网的对应链接，如图 4-20 所示。

图 4-20 Pika 官网的对应链接

STEP 02 进入 Pika 的默认页面，单击页面中的 Sign In（登录）按钮，如图 4-21 所示。

图 4-21 单击 Sign In 按钮

STEP 03 进入 READY TO USE PIKA?（准备好使用 Pika 了吗？）页面。在该页面中，用户可以使用谷歌账号、Discord 账号或电子邮件账号登录 Pika。以使用谷歌账号登录 Pika 为例，用户只需单击 Sign in with Google（使用谷歌登录）按钮，如图 4-22 所示。

图 4-22 单击 Sign in with Google 按钮

STEP 04 进入 Sign in with Google 页面，用户可以选择默认的谷歌账号或其他谷歌账号登录 Pika。以使用默认的谷歌账号登录为例，用户只需选择默认的谷歌账号，如图 4-23 所示。

图 4-23　选择默认的谷歌账号

STEP 05 在新跳转的页面中输入默认谷歌账号的密码，单击 Next（下一步）按钮，如图 4-24 所示。

图 4-24　单击 Next 按钮

STEP 06 进入 Pika 的 Explore（探索）页面，单击页面中的 Image or video（图像或视频）按钮，如图 4-25 所示。

图 4-25　单击 Image or video 按钮

STEP 07 弹出"打开"对话框，在该对话框中选择对应的短视频素材，单击"打开"按钮，如图 4-26 所示。

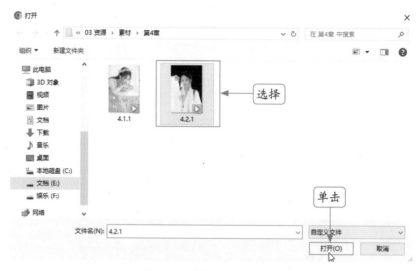

图 4-26　单击"打开"按钮

STEP 08 执行以上操作后，如果在 Pika 的 Explore 页面中显示对应短视频素材的相关信息，就说明短视频素材上传成功，如图 4-27 所示。

图 4-27　视频素材上传成功

4.2.2　使用素材生成短视频

在 Pika 中成功上传视频素材后，用户便可以使用素材制作一条短视频。下面介绍具体的操作步骤。

STEP 01 进入 Pika 的 Explore 页面，单击页面下方的输入框，在输入框中输入相关的提示词，如图 4-28 所示。

扫码看视频

图 4-28　在输入框中输入相关的提示词

STEP 02 根据要求设置短视频的生成信息，以调整短视频的比例为例，单击 Expand canvas（展开画布）按钮，如图 4-29 所示。

图 4-29　单击 Expand canvas 按钮

STEP 03 在展开画布的相关面板中选择画布的比例，单击 ✦ 按钮，如图 4-30 所示。

图 4-30　单击按钮

STEP 04 执行上一步操作后，进入 My Library（我的图书馆）页面，查看短视频的生成进度，如图 4-31 所示。

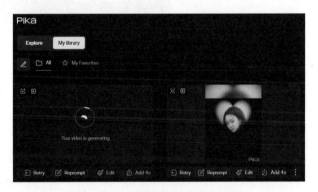

图 4-31　查看短视频的生成进度

STEP 05 如果 My Library 页面中显示对应短视频的封面，就说明该短视频制作成功，如图 4-32 所示。

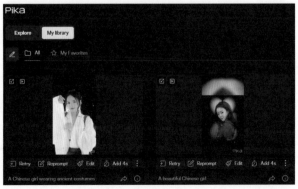

图 4-32　短视频制作成功

▶ **专家指点**

在 Pika 中，用户可以进行修改区域、画布调整、唇形同步（即短视频人物的口形和语音信息保持一致）和添加音效等设置，但是这些设置，每条短视频只能选择一个进行操作。也就是说，如果要进行多项设置，需要先设置一项信息并生成短视频，然后，在生成的短视频上，再进行其他的设置。

▶ **4.2.3 导出制作完成的短视频**

在 Pika 中制作完成短视频之后，用户可以将其导出，并保存到电脑中备用。下面介绍具体的操作步骤。

扫码看视频

STEP 01 进入 Pika 的 My Library 页面，将鼠标放置在对应短视频所在的区域，单击短视频封面右侧的 🔽 按钮，如图 4-33 所示。

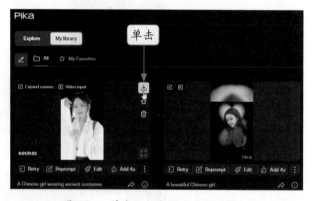

图 4-33　单击短视频封面右侧的按钮

STEP 02 执行以上操作后，会使用浏览器下载对应的短视频，如果弹出对话框，并显示"完成"，就说明短视频下载成功，如图 4-34 所示。

图 4-34　短视频下载成功

STEP 03 单击 🔽 按钮，会显示"近期的下载记录"。单击对应短视频名称右侧的"在文件夹中显示"按钮 🗂，如图 4-35 所示，即可在对应文件夹中查看短视频，并将短视频复制、粘贴至其他位置。

图 4-35　下载的短视频存储位置

智能剪辑篇

第5章

画面处理：AI 短视频画面的智能剪辑

5.1 新手必备：画面智能剪辑的基本技巧

剪映中的 AI 剪辑功能可以帮助我们快速剪辑短视频，用户只需稍等片刻，就可以制作出理想的画面效果。本节主要介绍 AI 短视频画面剪辑的新手必备技巧，帮助大家打好剪辑的基础。

▶ 5.1.1 调整短视频的比例

【效果对比】：智能裁剪可以转换短视频的比例，快速实现横竖屏的转换，同时自动追踪主体，让主体保持在最佳位置。在剪映中可以将横版的短视频转换为竖版的短视频，这样短视频会更适合在手机中播放和观看，还能裁去多余的画面。短视频中原图与效果图对比如图 5-1 所示。

扫码看视频

图 5-1 智能裁剪转换比例的原图与效果图对比

下面介绍使用剪映电脑版裁剪视频比例的具体操作方法。

STEP 01 进入剪映电脑版的"首页"界面，单击"智能裁剪"按钮，如图 5-2 所示。

图 5-2 单击"智能裁剪"按钮

STEP 02 弹出"智能裁剪"
面板，单击"导入视频"
按钮，如图 5-3 所示。

图 5-3 单击"导入视频"按钮

STEP 03 弹出"打开"对
话框，在相应的文件夹中，
选择短视频素材，单击"打
开"按钮，如图 5-4 所示，
导入短视频。

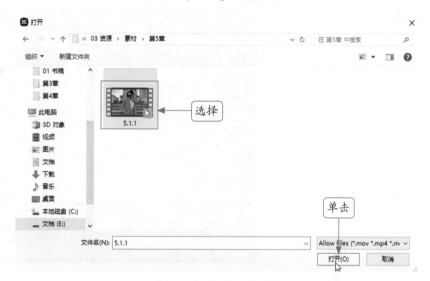

图 5-4 单击"打开"按钮

STEP 04 在"智能裁剪"
面板中，选择 9 ：16 选项，
把横屏转换为竖屏，设置
"镜头稳定度"为"稳定"，
如图 5-5 所示。

图 5-5 设置"镜头稳定度"为"稳定"

STEP 05 设置"镜头位移速度"为"更慢",如图5-6所示,继续稳定画面。

图 5-6　设置"镜头位移速度"为"更慢"

STEP 06 单击"导出"按钮,如图5-7所示,将调整后的短视频导出。

图 5-7　导出调整后的短视频

STEP 07 弹出"另存为"对话框,选择相应的文件夹,输入文件名称,单击"保存"按钮,如图5-8所示,即可将成品短视频导出至相应的文件夹。

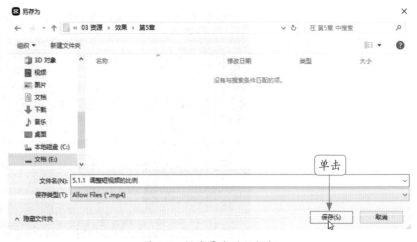

图 5-8　保存导出的短视频

▶ 5.1.2 识别短视频的字幕

【效果展示】：运用"识别字幕"功能识别出来的字幕，会自动生成在视频画面的下方，不过需要短视频中带有清晰的人声音频，不然识别不出来，方言和外语可能也识别不出来。目前，剪映还新增支持智能识别双语字幕和智能划重点功能，不过双语字幕功能需要开通会员才能使用，用户可以根据需要进行设置，效果如图 5-9 所示。

扫码看视频

图 5-9　运用剪映电脑版"识别字幕"功能生成的字幕效果

下面介绍使用剪映电脑版智能识别字幕的具体操作方法。

STEP 01 打开剪映电脑版并登录账号，单击"首页"界面中的"开始创作"按钮，如图 5-10 所示。

图 5-10　单击"开始创作"按钮

STEP 02 进入剪映电脑版的"媒体"功能区，单击"本地"选项卡中的"导入"按钮，如图 5-11 所示。

图 5-11　单击"导入"按钮

STEP 03 弹出"请选择媒体资源"对话框，在相应的文件夹中，选择短视频素材，单击"打开"按钮，如图 5-12 所示，导入短视频。

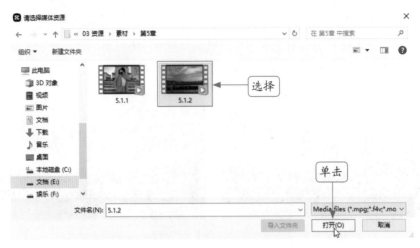

图 5-12　单击"打开"按钮

STEP 04 将短视频素材添加至剪映电脑版的媒体库中，单击短视频素材右下角的"添加到轨道"按钮 ，如图 5-13 所示，把短视频素材添加到视频轨道中。

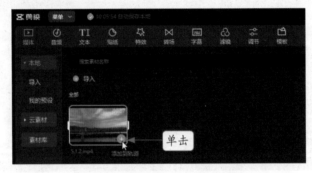

图 5-13　单击"添加到轨道"按钮

STEP 05 单击"文本"按钮，进入"文本"功能区，切换至"智能字幕"选项卡，单击"识别字幕"选项区域中的"开始识别"按钮，如图 5-14 所示。

图 5-14　单击"开始识别"按钮

STEP 06 稍等片刻，即可识别并生成字幕，如图 5-15 所示。

图 5-15　生成字幕

STEP 07 选择生成的字幕，在"文本"选项卡中设置字幕的预设样式，如图 5-16 所示，完成短视频字幕的制作。字幕制作完成后，即可单击"导出"按钮，将短视频保存至电脑中的对应位置。

图 5-16　设置字幕的预设样式

5.1.3　更换短视频的背景

【效果展示】：使用"智能抠像"功能可以把人物抠出来，还可以更换短视频的背景，让人物处于不同的场景中。短视频中原图与效果图的对比如图 5-17 所示。

扫码看视频

图 5-17　智能更换短视频背景的原图与效果图对比

下面将介绍使用剪映电脑版智能更换短视频背景的具体操作方法。

STEP 01 将短视频素材添加至剪映电脑版的媒体库中，单击短视频素材右下角的"添加到轨道"按钮，如图 5-18 所示，把短视频素材添加到视频轨道中。

图 5-18　单击"添加到轨道"按钮

STEP 02 把人物视频拖曳至画中画轨道中，如图 5-19 所示。

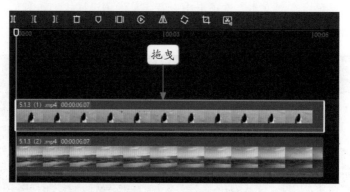

图 5-19　把人物视频拖曳至画中画轨道中

STEP 03 切换至"画面"操作区的"抠像"选项卡，选中"智能抠像"复选框，如图 5-20 所示，稍等片刻，即可把人物抠出来，并完成背景的更换。

图 5-20　智能抠像

▶ 5.1.4　调整画面的色彩

【效果展示】：如果短视频的画面过曝或者欠曝，色彩也不够鲜艳，可以使用"智能调色"功能，为画面进行自动调色，原图与效果图对比如图 5-21 所示。

扫码看视频

图 5-21　运用剪映电脑版进行智能调色的原图与效果图对比

下面就来介绍使用剪映电脑版调整短视频画面色彩的具体操作方法。

STEP 01 将短视频素材添加至剪映电脑版的媒体库中，单击短视频素材右下角的"添加到轨道"按钮，如图 5-22 所示，即可将短视频素材添加到视频轨道中。

图 5-22　单击"添加到轨道"按钮

STEP 02 选择视频素材，单击"调节"按钮，进入"调节"操作区，选中"智能调色"复选框，如图 5-23 所示，即可进行智能调色。

图 5-23　智能调色的设置

▶ 专家指点

　　在进行智能调色处理时，用户还可以设置"强度"参数，调整调色程度。另外，有时候为了让画面的色彩更加鲜艳，还需要对色温、色调、饱和度和光感等参数进行设置。

5.1.5　制作慢速效果

【效果展示】：在制作慢速效果的时候，可以使用"智能补帧"功能让慢速画面变得流畅些。在人物走路的短视频中，可以制作走路慢动作效果。短视频效果图展示如图 5-24 所示。

扫码看视频

图 5-24　运用剪映电脑版智能补帧制作的慢速效果

下面将介绍使用剪映电脑版制作慢速效果的具体操作方法。

STEP 01 将短视频素材添加至剪映电脑版的媒体库中，单击短视频素材右下角的"添加到轨道"按钮 ，如图 5-25 所示，即可将短视频素材添加到视频轨道中。

图 5-25　将短视频素材添加到视频轨道中

STEP 02 单击"变速"按钮，进入"变速"操作区，在"常规变速"选项卡中设置"倍速"参数，选中"智能补帧"复选框，如图 5-26 所示，稍等片刻，即可制作慢动作短视频效果。

图 5-26　"常规变速"选项卡中的参数设置

5.2 高手晋级：画面智能剪辑的进阶技巧

为了让大家快速晋级为 AI 短视频剪辑的高手，本节主要介绍智能识别歌词、智能美妆、智能打光等短视频剪辑的进阶技巧。

5.2.1 识别短视频中的歌词

【效果展示】：如果短视频中有清晰的中文歌曲音乐，可以使用"识别歌词"功能，快速识别出歌词，省去了手动添加歌词字幕的操作。短视频歌词识别的效果图展示如图 5-27 所示。

扫码看视频

图 5-27　运用剪映电脑版智能识别短视频歌词的效果图

下面将介绍使用剪映电脑版智能识别短视频中的歌词的具体操作方法。

STEP 01 将短视频素材添加至剪映电脑版的媒体库中，单击短视频素材右下角的"添加到轨道"按钮 ，如图 5-28 所示，即可将短视频素材添加到视频轨道中。

图 5-28　将短视频素材添加到视频轨道中

STEP 02 单击"文本"按钮，进入"文本"功能区，切换至"识别歌词"选项卡，单击"开始识别"按钮，如图 5-29 所示。

图 5-29　"识别歌词"选项卡

STEP 03 稍等片刻，即可识别并生成歌词，如图 5-30 所示。

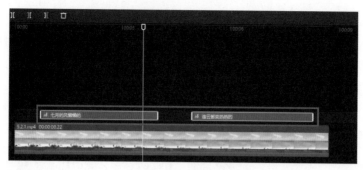

图 5-30　生成歌词

STEP 04 选择生成的歌词，在"文本"选项卡中设置歌词的预设样式，如图 5-31 所示，即可完成短视频歌词的制作。

图 5-31　设置歌词的预设样式

5.2.2　修复短视频的画面

【效果展示】：如果视频画面不够清晰，可以使用剪映中的"超清画质"功能，修复视频，让视频画面变得更加清晰。视频中原图与效果图对比如图 5-32 所示。

扫码看视频

图 5-32　运用剪映电脑版智能修复短视频画面的原图和效果图对比

下面介绍使用剪映电脑版智能修复短视频画面的具体操作方法。

STEP 01 将短视频素材添加至剪映电脑版的媒体库中，单击短视频素材右下角的"添加到轨道"按钮 ，如图 5-33 所示，即可将短视频素材添加到视频轨道中。

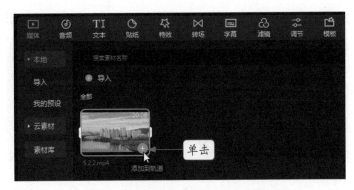

图 5-33　将短视频素材添加到视频轨道中

STEP 02 在"画面"操作区中，选中"超清画质"复选框，选择"超清"选项，如图 5-34 所示。

图 5-34　短视频画质的设置

STEP 03 执行上一步操作后，会显示短视频画质的处理进度，如图 5-35 所示，稍等片刻，即可修复视频画面，让短视频变得更加清晰。

图 5-35　显示短视频画质的处理进度

5.2.3　美化人物的面容

【效果展示】：智能美妆是一款美颜功能，使用这个功能可以快速为人物进行化妆，美化人物的面容，美颜后的效果如图 5-36 所示。

扫码看视频

图 5-36 运用剪映电脑版美化人物面容的效果

下面介绍使用剪映电脑版智能美化人物面容的具体操作方法。

STEP 01 将短视频素材添加至剪映电脑版的媒体库中，单击短视频素材右下角的"添加到轨道"按钮，如图 5-37 所示，即可将短视频素材添加到视频轨道中。

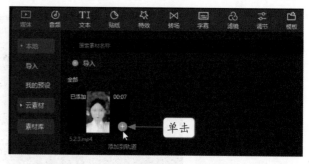

图 5-37 将短视频素材添加到视频轨道中

STEP 02 选择视频素材，在"画面"操作区中，切换至"美颜美体"选项卡，选中"美妆"复选框，选择"中国妆"选项，如图 5-38 所示，为人物快速化妆。

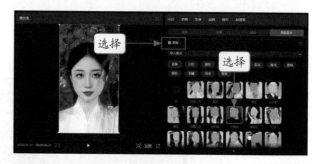

图 5-38 选择"中国妆"选项

STEP 03 为了继续美化面容，可以选中"美颜"复选框，根据需求设置相关参数，如图 5-39 所示，让人物更具有欣赏性。

图 5-39 根据需求设置相关参数

▶ 专家指点

　　有的妆容使用后与原来的效果相差不大，对此用户可以选择有明显差别的妆容，也可以在选择妆容后，对人物进行"美颜"设置。

▶ 5.2.4　营造环境的氛围光

　　【效果展示】：如果拍摄前期缺少打光操作，在剪映中可以使用"智能打光"功能，为画面增加光源，营造环境氛围光。"智能打光"功能有多种不同的光源和类型可选，用户只需根据要求选择即可，原图与效果图对比如图5-40所示。

扫码看视频

图5-40　运用剪映电脑版智能打光营造环境氛围光的原图和效果图对比

　　下面将介绍使用剪映电脑版智能打光营造环境氛围光的具体操作方法。

STEP 01 将短视频素材添加至剪映电脑版的媒体库中，单击短视频素材右下角的"添加到轨道"按钮 ➕，如图5-41所示，即可将短视频素材添加到视频轨道中。

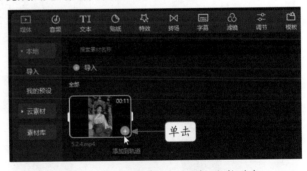

图5-41　将短视频素材添加到视频轨道中

STEP 02 在"画面"操作区中，选中"智能打光"复选框，选择合适的打光方式，如选择"温柔面光"选项，如图5-42所示。

图5-42　选择"温柔面光"选项

STEP 03 拖曳打光圆环至人物的脸上，设置打光的参数，如图 5-43 所示，稍等片刻，即可为人物打光。

图 5-43　设置打光的参数

5.2.5　提升短视频的动感

【效果展示】：在抖音中可以发现一些运镜效果非常酷炫的跳舞视频，如何才能做出这样的效果呢？在剪映电脑版中，使用"智能运镜"功能，可以让短视频的画面变得动感起来，效果如图 5-44 所示。

扫码看视频

图 5-44　运用剪映电脑版"智能运镜"功能提升短视频动感的效果

下面将介绍使用剪映电脑版"智能运镜"功能提升短视频动感的具体操作方法。

STEP 01 将短视频素材添加至剪映电脑版的媒体库中，单击短视频素材右下角的"添加到轨道"按钮 ➕，如图 5-45 所示，即可将短视频素材添加到视频轨道中。

STEP 02 在"画面"操作区中，选中"智能运镜"复选框，选择合适的运镜方式，例如，选择"缩放"选项，设置缩放的程度，如图 5-46 所示，稍等片刻，即可为短视频应用对应的运镜方式。

图 5-45　将短视频素材添加到视频轨道中

图 5-46　设置缩放的程度

5.2.6　添加 AI 人物特效

【效果展示】：如果用户不愿意在短视频中露出自己的脸，可以添加 AI 人物形象特效进行"变脸"，效果如图 5-47 所示。

扫码看视频

图 5-47　运用剪映 App "AI 特效" 功能的效果

下面将介绍使用剪映 App 调整短视频人物形象的具体操作方法。

STEP 01 打开剪映 App，点击"剪辑"界面中的"开始创作"按钮，如图 5-48 所示。

STEP 02 进入"最近项目"界面，在"视频"选项卡中选择需要导入的短视频素材，点击"添加"按钮，如图 5-49 所示。

STEP 03 执行上一步操作后，即可将所选的短视频素材添加至剪映 App 中，点击"特效"按钮，如图 5-50 所示。

图 5-48　点击"开始创作"按钮

图 5-49　点击"添加"按钮

图 5-50　点击"特效"按钮

STEP 04 在弹出的二级工具栏中点击"人物特效"按钮，如图 5-51 所示。

STEP 05 点击"形象"按钮，切换至对应选项卡，选择"卡通脸"选项，点击✓按钮，如图 5-52 所示。

STEP 06 调整特效的时长，使其与短视频的长度一致，如图 5-53 所示。

图 5-51　点击"人物特效"按钮

图 5-52　点击按钮

图 5-53　调整特效的时长

5.2.7　一键添加文字信息

【效果展示】：所谓"包装"，就是让短视频的内容更加丰富、形式更加多样，剪映手机版中的"智能包装"功能，可以一键添加文字，对短视频进行包装，效果如图 9-54 所示。

图 5-54　运用剪映 App"智能包装"功能的效果

下面介绍使用剪映 App 对短视频进行包装的具体操作方法。

STEP 01 在剪映 App 中导入短视频素材，点击"文本"按钮，如图 5-55 所示。

STEP 02 在弹出的二级工具栏中，点击"智能包装"按钮，如图 5-56 所示。

STEP 03 在手机屏幕上弹出"智能包装"的进度提示，如图 5-57 所示。

图 5-55　点击"文本"按钮　　图 5-56　点击"智能包装"按钮　　图 5-57　"智能包装"的进度提示

STEP 04 稍等片刻，即可生成智能文字模板。此时，用户可以调整文字信息的样式，优化文字信息的显示效果，点击"样式"按钮，如图5-58所示。

STEP 05 在弹出的面板中选择合适的文字样式，点击✓按钮，如图5-59所示，即可完成所选文字信息的样式调整。

STEP 06 按照同样的操作步骤，完成其他文字信息的样式调整，效果如图5-60所示。

图5-58 点击"样式"按钮　　图5-59 选择合适的文字样式　图5-60 完成其他文字信息的样式调整

第 6 章

音频处理：AI 短视频音频的智能剪辑

章前知识导读

　　一条成功的短视频，其精髓往往离不开音频的精心配合。音频不仅能够提升现场的真实感，还能深刻塑造人物形象，细腻渲染场景氛围。在剪映视频编辑工具中，不仅可以添加音频素材，还可以对声音进行智能处理，比如进行人声和背景音分离、美化人声、改变音色、智能剪口播等。这些功能可以让视频的声音更出色，让短视频更加引人入胜。

新手重点索引

　　🎬 人声处理：人物声音的智能剪辑技巧

　　🎬 其他处理：音频的智能剪辑技巧

效果图片欣赏

6.1 人声处理：人物声音的智能剪辑技巧

在剪映中，AI 功能可以智能处理短视频中的音频，提升音频处理的时间和效率。本节将介绍 AI 短视频音频内容的人声处理技巧，不过部分功能需要开通剪映会员才能使用。

▶ 6.1.1 美化短视频的人声

【效果展示】：在剪映中，可以对视频中的人声进行美化处理，让人声呈现出更好的效果，短视频效果展示如图 6-1 所示。

扫码看视频

图 6-1　运用剪映电脑版智能美化人声的短视频效果

下面将介绍使用剪映电脑版智能美化人声的具体操作方法。

STEP 01 将短视频素材添加至剪映电脑版的媒体库中，单击短视频素材右下角的"添加到轨道"按钮 ➕，如图 6-2 所示，即可将短视频素材添加到视频轨道中。

图 6-2　将短视频素材添加到视频轨道中

STEP 02 单击"音频"按钮，进入"音频"操作区，选中"基础"选项卡中的"人声美化"复选框，如图 6-3 所示。

图 6-3 选中"人声美化"复选框

STEP 03 设置美化的强度，如图 6-4 所示，即可对短视频中的人声进行美化处理。

图 6-4 设置美化的强度

6.1.2 分离短视频的人声

【效果展示】：如果短视频中的音频同时有人声和背景音，我们可以使用"人声分离"功能，仅保留短视频中的人声或者背景音，从而满足大家的声音创作需求，短视频效果展示如图 6-5 所示。

扫码看视频

图 6-5 运用剪映电脑版"人声分离"功能的短视频效果

下面将介绍使用剪映电脑版"人声分离"功能的具体操作方法。

STEP 01 将短视频素材添加至剪映电脑版的媒体库中，单击短视频素材右下角的"添加到轨道"按钮█，如图 6-6 所示，即可将短视频素材添加到视频轨道中。

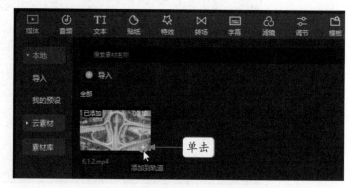

图 6-6　将短视频素材添加到视频轨道中

STEP 02 单击"音频"按钮，进入"音频"操作区，选中"人声分离"复选框，如图 6-7 所示。

图 6-7　选中"人声分离"复选框

STEP 03 单击"仅保留背景声"右侧的下拉按钮，在弹出的下拉列表中选择"仅保留人声"选项，如图 6-8 所示，将音频中的背景音删除。

图 6-8　选择"仅保留人声"选项

6.1.3　改变人物的音色

【效果展示】：如果用户对于原声的音色不是很满意，或者想改变音频的音色，可以使用 AI 改变音频的音色，如"魔法变声"，短视频效果展示如图 6-9 所示。

扫码看视频

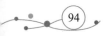

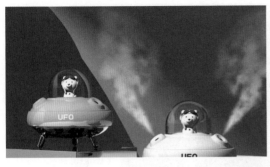

图 6-9　运用剪映电脑版智能改变短视频音色的视频效果

下面将介绍使用剪映电脑版智能改变人物音色的具体操作方法。

STEP 01 将短视频素材添加至剪映电脑版的媒体库中，单击短视频素材右下角的"添加到轨道"按钮 ，如图 6-10 所示，即可将短视频素材添加到视频轨道中。

图 6-10　将短视频素材添加到视频轨道中

STEP 02 单击"音频"按钮，进入"音频"操作区，单击"声音效果"按钮，如图 6-11 所示，进行选项卡的切换。

图 6-11　单击"声音效果"按钮

STEP 03 在"音色"选项卡中选择合适的音色选项，如选择"甜美悦悦"选项，如图 6-12 所示，即可将男生音色变成女生音色。

▶ 专家指点

　　智能改变人物音色比较适合人物说话、朗读的短视频。如果是人物唱歌的短视频，改变音色后的效果可能会欠佳。

图 6-12　选择"甜美悦悦"选项

6.1.4　剪辑口播短视频

【效果展示】：剪映中的"智能剪口播"功能可以快速提取口播视频中的语气词和重复用词，快速删除不需要的内容，提升口播视频的质量，短视频效果展示如图 6-13 所示。

扫码看视频

图 6-13　运用剪映电脑版智能剪辑口播短视频的视频效果

下面将介绍使用剪映电脑版智能剪辑口播短视频内容的具体操作方法。

STEP 01 将短视频素材添加至剪映电脑版的媒体库中，单击短视频素材右下角的"添加到轨道"按钮，如图 6-14 所示，即可将短视频素材添加到视频轨道中。

图 6-14　将短视频素材添加到视频轨道中

STEP 02 选择短视频素材，右击并在弹出的快捷菜单中选择"智能剪口播"命令，如图 6-15 所示。

图 6-15 选择"智能剪口播"命令

STEP 03 执行上一步操作后，在"文本"操作区中单击"标记无效片段"按钮，如图 6-16 所示，让剪映标记短视频中无效的片段。

STEP 04 在新弹出的面板中选中，需要删除的内容对应的复选框，单击"删除"按钮，如图 6-17 所示，即可删除无效的片段。

图 6-16 单击"标记无效片段"按钮　　　图 6-17 单击"删除"按钮

▶ **专家指点**

在进行智能剪辑口播短视频的操作时，剪映电脑版会识别音频内容并生成相应的文本信息。在此过程中，可能会出现文本信息错误的情况。如果错误的文本信息要显示出来，需要及时进行修改；如果错误的文本信息不用显示出来，则可以选择忽略。

6.2 其他处理：音频的智能剪辑技巧

为了让大家学会更多的 AI 短视频音频处理功能，本节主要向大家介绍智能匹配场景音、智能文本朗读、智能声音成曲等处理方法。

▶ 6.2.1 匹配场景音

【效果展示】：在剪映的"场景音"选项卡中，有许多的 AI 声音处理效果，用户可以根据短视频的内容添加适合的场景音，短视频效果展示如图 6-18 所示。

扫码看视频

图 6-18 运用剪映电脑版匹配短视频的场景音的短视频效果

下面将介绍使用剪映电脑版"场景音"功能的具体操作方法。

STEP 01 将短视频素材添加至剪映电脑版的媒体库中，单击短视频素材右下角的"添加到轨道"按钮 ，如图 6-19 所示，即可将短视频素材添加到视频轨道中。

图 6-19 将短视频素材添加到视频轨道中

STEP 02 进入"音频"操作区的"声音效果"选项卡，单击"场景音"按钮，如图 6-20 所示，进行选项卡的切换。

STEP 03 切换至"场景音"选项卡，选择适合的场景音效果，如选择"空灵感"选项，如图 6-21 所示，即可为短视频匹配对应的场景音。

图 6-20　单击"场景音"按钮

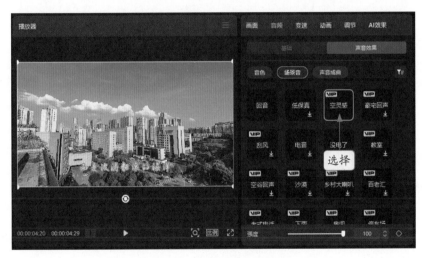

图 6-21　选择"空灵感"选项

6.2.2　添加朗读音频

扫码看视频

【效果展示】：在一些风光类素材中，用户通过智能朗读为短视频添加音频素材，用美景和美声来打动观众，短视频效果展示如图 6-22 所示。

图 6-22　运用剪映电脑版智能朗读为短视频添加音频的视频效果

下面将介绍使用剪映电脑版智能朗读为短视频添加音频素材的具体操作方法。

STEP 01 将短视频素材添加至剪映电脑版的媒体库中，单击短视频素材右下角的"添加到轨道"按钮 ⊞，如图 6-23 所示，即可将短视频素材添加到视频轨道中。

图 6-23 将短视频素材添加到视频轨道中

STEP 02 单击"文本"按钮，进入"文本"功能区，单击"默认文本"右下角的"添加到轨道"按钮 ⊞，如图 6-24 所示，添加文本。

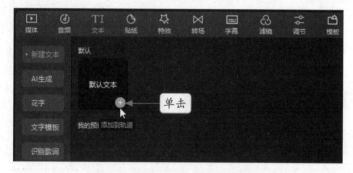

图 6-24 将文本添加到视频轨道中

STEP 03 在"文本"操作区中输入文案内容，如图 6-25 所示。

图 6-25 输入文案内容

STEP 04 单击"朗读"按钮，如图 6-26 所示，进行操作区的切换，通过朗读制作音频。

图 6-26　单击"朗读"按钮

STEP 05 在"朗读"操作区中选择合适的朗读音色，如选择"元气少女"音色，单击"开始朗读"按钮，如图 6-27 所示，生成配音音频。

图 6-27　选择朗读音色

STEP 06 生成配音音频之后，选择文本，单击"删除"按钮，如图 6-28 所示，把多余的文字删除。

图 6-28　删除多余文字

▶ 6.2.3 使用文字制作歌曲

【效果展示】：在剪映中，用户可以使用"声音成曲"功能，将音频对白制作成歌曲，短视频效果展示如图 6-29 所示。

图 6-29 运用剪映电脑版"声音成曲"功能为短视频制作歌曲的短视频效果

下面将介绍使用剪映电脑版为短视频制作歌曲的具体操作方法。

STEP 01 将短视频素材添加至剪映电脑版的媒体库中，单击短视频素材右下角的"添加到轨道"按钮，如图 6-30 所示，即可将短视频素材添加到视频轨道中。

图 6-30 将短视频素材添加到视频轨道中

STEP 02 单击"关闭原声"按钮，设置短视频为静音。单击"文本"按钮，进入"文本"功能区，单击"默认文本"右下角的"添加到轨道"按钮，添加文本。在"文本"操作区中输入文案内容，如图 6-31 所示。

图 6-31 输入文案内容

STEP 03 单击"朗读"按钮，进入"朗读"操作区，选择合适的朗读音色，如选择"说唱小哥"音色，单击"开始朗读"按钮，如图 6-32 所示，生成配音音频。

图 6-32 选择合适的朗读音色

STEP 04 选择文本，单击"删除"按钮🔲，如图 6-33 所示，将多余的文字删除。

图 6-33 删除多余文字

STEP 05 选择音频素材，在"声音效果"操作区中单击"声音成曲"按钮，如图 6-34 所示，进行选项卡的切换。

图 6-34 单击"声音成曲"按钮

STEP 06 在"声音成曲"选项卡中选择合适的歌曲风格,如选择"嘻哈"风格,如图 6-35 所示。

图 6-35 选择歌曲风格

STEP 07 执行上一步操作后,会进行声音成曲处理,并显示处理的进度,如图 6-36 所示。

图 6-36 显示声音成曲的处理进度

STEP 08 选择视频素材,在音频素材的末尾单击"向右裁剪"按钮,如图 6-37 所示,删除多余的短视频素材,即可完成短视频的制作。

图 6-37 删除多余的短视频素材

虚拟角色篇

第7章

使用渠道：虚拟角色的创建工具和平台

章前知识导读

　　随着人工智能技术的快速发展，虚拟角色逐渐走进了大众视野。为了顺应市场需求，众多虚拟角色工具和平台应运而生。它们致力于为用户提供多样化的虚拟形象创建文案。本章将详细介绍常用的虚拟角色生成工具和创作平台，旨在帮助读者找到最适合自己需求的虚拟角色解决方案。

新手重点索引

🎬 常用工具：虚拟角色的生成渠道
🎬 常用平台：虚拟角色的创作渠道

效果图片欣赏

7.1　常用工具：虚拟角色的生成渠道

在数字世界中，一个个精彩绝伦的虚拟角色应运而生了。它们不仅拥有活泼、逼真的神态，还具备了丰富、流畅的言语，仿佛真实存在一般。究竟是什么样的神奇工具赋予了它们智能？本节将为大家揭开这层神秘的面纱，详细介绍几种常见的虚拟角色生成工具，并分享使用这些工具生成虚拟角色短视频的实用操作技巧。

▶ 7.1.1　腾讯智影

【效果展示】：腾讯智影是腾讯推出的一款基于 AI 技术的虚拟数字人（即虚拟角色）生成工具。它通过 AI 文本、语音和图像生成技术，可以快速创建逼真的虚拟角色。用户只需提供少量信息，腾讯智影就可以自动生成虚拟角色的外观、动作和语音，其效果如图 7-1 所示。

扫码看视频

图 7-1　腾讯智影生成的虚拟角色短视频效果

下面介绍使用腾讯智影生成虚拟角色短视频的具体操作方法。

STEP 01 进入腾讯智影的"创作空间"页面，单击"数字人播报"选项区域中的"去创作"按钮，如图 7-2 所示。

图 7-2　单击"去创作"按钮

STEP 02 执行以上操作后，进入相应页面，展开"模板"面板，选择"竖版"选项卡，如图 7-3 所示。

STEP 03 选择一个虚拟角色模板，单击预览图右上角的 ■ 按钮，如图 7-4 所示，确认使用该虚拟角色模板。

图 7-3 单击"竖版"按钮 　　图 7-4 单击预览图右上角的按钮

STEP 04 执行上一步操作后，即可应用对应虚拟角色模板，并将虚拟角色模板添加至预览窗口中，如图 7-5 所示。

图 7-5 将虚拟角色模板添加至预览窗口中

STEP 05 将模板添加至预览窗口后，用户可以根据要求调整虚拟角色的形象。以更换模板中的虚拟角色为例，用户只需展开"数字人"面板，在"预置形象"选项卡中，选择对应的虚拟角色，如图 7-6 所示。

STEP 06 执行上一步操作后，即可完成虚拟角色的替换，如图 7-7 所示。

STEP 07 为了提升虚拟角色在短视频中的显示效果，用户可以选择预览窗口中的虚拟角色，在页面右侧的"画面"选项卡中设置虚拟角色的画面显示参数，如图 7-8 所示，并将制作完成的短视频导出。

图 7-6　选择对应的虚拟角色

图 7-7　完成虚拟角色的替换

图 7-8　设置虚拟角色的画面显示信息

▶ 专家指点

　　在腾讯智影中，用户可以根据要求对虚拟角色的参数进行调整。除了替换虚拟角色之外，用户还可以对虚拟角色的播报、字幕、文本、背景和音乐等参数进行调整。

▶ 7.1.2 剪映

【效果展示】：剪映是一款集视频剪辑和虚拟数字人技术于一体的短视频应用软件，用户可以通过剪映快速生成带有口型同步的虚拟角色。剪映的数字人的功能简单、易用。它为用户提供了丰富多样的数字人角色和场景模板，用户可以根据要求进行个性化定制，效果如图 7-9 所示。

扫码看视频

图 7-9 剪映电脑版生成的虚拟角色效果

下面介绍使用剪映电脑版生成虚拟角色的具体操作方法。

STEP 01 进入剪映电脑版的视频创作界面，切换至"文本"功能区，在"新建文本"选项卡中单击"默认文本"右下角的"添加到轨道"按钮 ⊕，如图 7-10 所示，添加一个默认文本素材。

图 7-10 单击"添加到轨道"按钮

STEP 02 执行上一步操作后，新建一个文本素材。选中文本素材，在"文本"操作区中输入虚拟角色的播报内容，如图 7-11 所示。

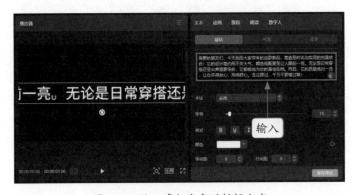

图 7-11 输入虚拟角色的播报内容

STEP 03 此时，可以在操作区中看到"数字人"标签，单击该标签切换至"数字人"操作区，选择相应的虚拟角色后，单击"添加数字人"按钮，如图7-12所示。

图 7-12 选择虚拟角色添加数字人

STEP 04 执行上一步操作后，即可将所选的虚拟角色添加到时间线窗口的轨道中，并显示虚拟角色素材的渲染进度，如图 7-13所示。

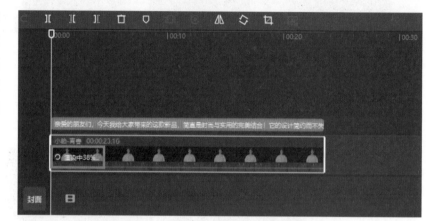

图 7-13 显示虚拟角色素材的渲染进度

STEP 05 虚拟角色素材渲染完成后，选中文本素材，单击"删除"按钮□，如图 7-14 所示，将其删除。

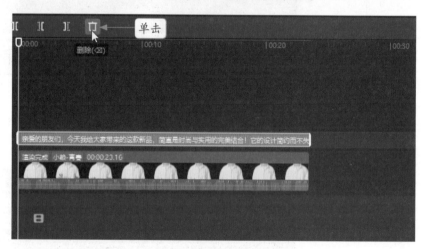

图 7-14 删除文本素材

▶ 7.1.3 来画

扫码看视频

【效果展示】：来画是一款用于创作动画和数字人的智能工具。它可以快速生成超写实的虚拟角色，结合数字人直播、数字化系统、口播视频、在线动画设计、文字绘画等产品，依托正版素材库，轻松实现一站式创作创意内容，帮助创作者将灵感转化成作品。使用来画生成的虚拟角色短视频效果，如图 7-15 所示。

图 7-15 来画生成的虚拟角色短视频效果

下面介绍使用来画生成虚拟角色短视频的具体操作方法。

STEP 01 进入需要复制链接的对应网页，如微信公众号推送文章的页面，单击"复制链接地址"按钮 ∅，如图 7-16 所示，复制该微信公众号文章的链接。

单击

图 7-16 单击"复制链接地址"按钮

STEP 02 在浏览器（如 360 浏览器）中输入并搜索"来画"，单击搜索结果中的来画官网链接，如图 7-17 所示。

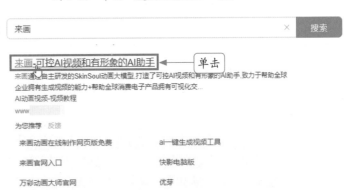

图 7-17 来画的官网链接

STEP 03 进入来画官网的默认页面，在输入框中粘贴刚刚复制微信公众号文章的链接，单击 ↑ 按钮，如图 7-18 所示。

图 7-18 单击按钮

STEP 04 执行上一步操作后，会弹出账号登录的相关对话框，在该对话框中输入手机号码和验证码，单击"登录/注册"按钮，如图 7-19 所示，进行账号的登录。

图 7-19 来画账号登录

STEP 05 再次单击来画官网默认页面中的 ↑ 按钮，进入"输入产品描述和媒体内容"页面，检查该页面中的内容，确认无误后，单击"下一步"按钮，如图 7-20 所示。

图 7-20 "输入产品描述和媒体"页面

STEP 06 进入"设置视频选项"页面，在该页面中设置视频比例、视频时长等参数，单击"下一步"按钮，如图 7-21 所示。

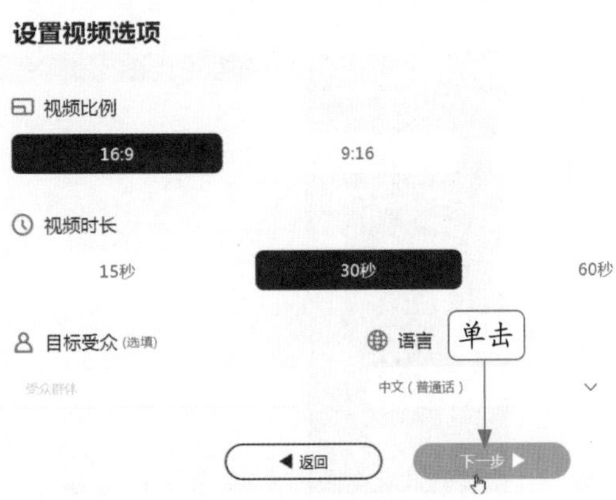

图 7-21 视频参数设置

STEP 07 进入"选择视频脚本"页面，在该页面中选择一个合适的脚本，单击"下一步"按钮，如图 7-22 所示。

图 7-22 选择合适的脚本

STEP 08 进入"选择预览视频风格"页面，在该页面中选择合适的视频风格，单击"导出或编辑视频"按钮，如图 7-23 所示。

图 7-23 选择合适的视频风格

STEP 09 进入短视频的预览页面，即可查看虚拟角色的短视频效果，如图 7-24 所示。

图 7-24 查看虚拟角色的短视频效果

▶ **专家指点**

　　短视频预览页面的两侧可以对虚拟角色短视频的相关参数进行设置，用户只需根据要求进行调整即可。

7.1.4 D-Human

　　【效果展示】：D-Human 是一款比较实用的数字人视频制作工具，可完美定制数字人形象，高度克隆声音，可用于生成可商用的数字人播报视频、数字人直播间等。使用 D-Human 生成的虚拟角色短视频效果，如图 7-25 所示。

扫码看视频

图 7-25 使用 D-Human 生成的虚拟角色短视频效果

下面介绍使用 D-Human 生成虚拟角色短视频的具体操作方法。

STEP 01 在浏览器中使用搜索引擎（如 360 搜索）输入并搜索 D-Human，单击搜索结果中的 D-Human 官网链接，如图 7-26 所示。

图 7-26　D-Human 的官网链接

STEP 02 进入 D-Human 的官网默认页面，单击"立即体验"按钮，如图 7-27 所示。

图 7-27　D-Human 的官网默认页面

STEP 03 执行上一步操作后，进入"创意中心"页面，用户可以根据要求选择要创建短视频的虚拟角色。以创建虚拟角色的口播短视频为例，用户只需单击"数字人口播"按钮即可，如图 7-28 所示。

图 7-28　选择虚拟角色

STEP 04 执行上一步操作后，会弹出登录对话框，在该对话框中可以通过微信扫码或手机验证进行登录。以手机验证登录为例，用户可以输入手机号码，单击"点击获取"按钮，如图 7-29 所示，获取手机验证码。

STEP 05 手机收到验证码信息后，在登录框中输入对应的验证码，单击"登录/注册"按钮，如图 7-30 所示。

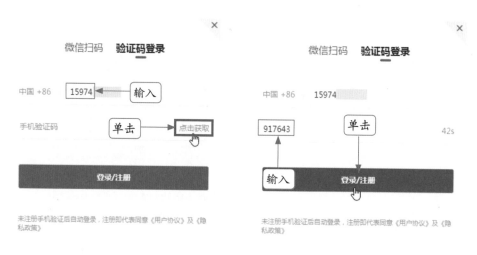

图 7-29　输入手机号码　　　　　　　　图 7-30　输入验证码

STEP 06 进入虚拟角色短视频的编辑页面，在该页面中设置虚拟短视频的相关参数，如选择合适的虚拟角色，输入 AI 配音的文字内容等，如图 7-31 所示，即可完成虚拟角色口播短视频的制作。

图 7-31　输入 AI 配音的文字内容

7.2　常用平台：虚拟角色的创作渠道

随着人工智能技术的不断发展，各种虚拟角色创作平台层出不穷，其功能也各具特色。这些平台通常会提供多样化的虚拟角色造型和表情，使用户能够进行自由搭配与调整。同时，平台还会提供特定的编辑工具，帮助用户在细节上对虚拟角色进行修饰。本节将介绍常用的虚拟角色创作平台，以及利用这些平台创作虚拟角色短视频的操作技巧。

▶ 7.2.1 百度智能云·曦灵平台

【效果展示】：百度智能云·曦灵平台专注于开发智能的服务型或演艺型数字人，旨在通过先进的人工智能技术，降低数字人的应用门槛，实现人机可视化语音交互服务和内容生产服务，有效提升用户体验，并提高服务质量和效率。使用百度智能云·曦灵平台生成的虚拟角色短视频效果，如图 7-32 所示。

扫码看视频

图 7-32 使用百度智能云·曦灵平台生成的虚拟角色短视频效果

下面介绍使用百度智能云·曦灵平台生成虚拟角色短视频的具体操作方法。

STEP 01 在百度搜索引擎中输入并搜索"百度智能云·曦灵"，单击搜索结果中的百度智能云·曦灵官网链接，如图 7-33 所示。

图 7-33 百度智能云·曦灵的官网链接

STEP 02 进入百度智能云·曦灵的官网默认页面，单击"曦灵应用平台"板块中的"即刻体验"按钮，如图 7-34 所示。

图 7-34 单击"即刻体验"按钮

STEP 03 执行上一步操作后，进入百度智能云的登录页面，在该页面中可以使用百度账号或云账号进行登录。以使用百度账号的短信登录为例，用户可以在页面中输入手机号码和验证码，单击"登录 /注册"按钮，如图 7-35 所示。

图 7-35 登录百度智能云

STEP 04 进入百度智能云 · 曦灵平台的"首页"页面，单击"视频工作台"按钮，如图 7-36 所示，进行页面的切换。

图 7-36 曦灵平台首页页面

STEP 05 进入"视频工作台"页面，在该页面中，用户可以选择要创建的虚拟角色短视频。以创建虚拟角色的精编视频为例，只需单击"精编视频"板块中的"立即创作"按钮即可，如图 7-37 所示。

图 7-37　单击"立即创作"按钮

STEP 06 进入"精编视频"页面，单击"新建播报"按钮，如图 7-38 所示，创建一条新的虚拟角色短视频。

图 7-38　单击"新建播报"按钮

STEP 07 在弹出的"新建精编视频"对话框中输入短视频名称，设置短视频的比例，单击"确定"按钮，如图 7-39 所示。

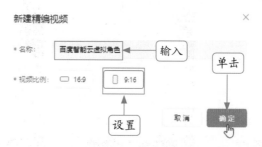

图 7-39　短视频名称及比例的设置

STEP 08 进入短视频的编辑页
面，在该页面中选择合适的虚拟
角色和背景图片，如图 7-40 所示。

图 7-40　选择合适的虚拟角色和背景图片

STEP 09 调整虚拟角色的位置，
使其在画面中呈现出更好的效
果，输入 AI 配音的文字内容，
如图 7-41 所示，即可完成虚拟
角色短视频的制作。

图 7-41　输入 AI 配音的文字内容

7.2.2　讯飞智作虚拟人平台

【效果展示】：讯飞智作虚拟人平台提供虚拟人形象构建、AI 驱动、多场景解决方案，
实现一站式虚拟人应用服务，并联合产业合作伙伴，共建虚拟人生态，满足不同场景的
应用需求。使用讯飞智作虚拟人平台生成的虚拟角色短视频效果，如图 7-42 所示。

扫码看视频

图 7-42　使用讯飞智作虚拟人平台生成的虚拟角色短视频效果

下面介绍使用讯飞智作虚拟人平台生成虚拟角色短视频的具体操作方法。

STEP 01 在百度搜索引擎中输入并搜索"讯飞智作虚拟人"，单击搜索结果中讯飞智作虚拟人平台的官网链接，如图 7-43 所示。

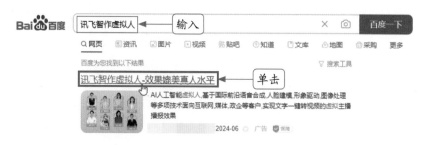

图 7-43　单击讯飞智作虚拟人的官网链接

STEP 02 进入讯飞智作虚拟人平台的官网默认页面，单击页面右侧的"登录注册"按钮，如图 7-44 所示。

图 7-44　单击"登录注册"按钮

STEP 03 弹出讯飞智作虚拟人平台的登录对话框，在该对话框中输入手机号码和验证码，单击"登录 / 注册"按钮，如图 7-45 所示，即可登录讯飞智作虚拟人平台。

图 7-45　登录讯飞智作虚拟人平台

STEP 04 执行上一步操作后，进入讯飞智作虚拟人平台的官网默认页面，单击"马上制作"按钮，如图7-46所示。

图 7-46　讯飞智作平台官网默认页面

STEP 05 进入短视频的编辑页面，在该页面中设置虚拟短视频的相关信息，如选择合适的虚拟角色，输入 AI 配音的文字内容等，如图 7-47 所示，即可完成虚拟角色短视频的制作。

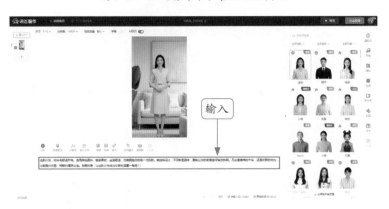

图 7-47　输入 AI 配音的文字内容

7.2.3　奇妙元数字人视频制作平台

【效果展示】：奇妙元数字人视频制作平台是一款集数字人形象定制、视频制作与直播功能于一体的创新平台。它支持从照片、视频到 3D 建模等多种方式创建数字人形象，并提供一键式视频制作与直播服务，帮助用户轻松打造专业、高效的数字内容。使用奇妙元数字人视频制作平台生成的虚拟角色短视频效果，如图 7-48 所示。

扫码看视频

图 7-48　使用讯飞智作虚拟人平台生成的虚拟角色短视频效果

下面介绍使用奇妙元数字人视频制作平台生成虚拟角色短视频的具体操作方法。

STEP 01 在浏览器中使用搜索引擎（如 360 搜索）输入并搜索"奇妙元数字人视频制作平台"，单击搜索结果中奇妙元数字人视频制作平台的官网链接，如图 7-49 所示。

图 7-49　奇妙元数字人视频制作平台的官网链接

STEP 02 进入奇妙元数字人视频制作平台的官网默认页面，单击"数字人视频"板块中的"免费试用"按钮，如图 7-50 所示。

图 7-50　单击"免费试用"按钮

STEP 03 弹出"登录 / 注册"对话框，在该对话框中，用户可以使用手机号码或账号密码进行登录。下面以手机号码登录为例进行介绍。用户可以输入手机号码，选中"已阅读并接受用户协议和隐私政策"复选框，单击"获取验证码"按钮，如图 7-51 所示。

STEP 04 执行上一步操作后，奇妙元数字人视频制作平台会给对应的手机号发送验证码，手机将收到验证码信息，将验证码输入相应位置，单击"登录"按钮，如图 7-52 所示。

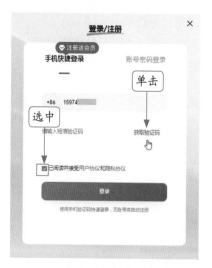

图 7-51　单击"获取验证码"按钮　　　　图 7-52　单击"登录"按钮

STEP 05 执行上一步操作后，即可使用手机号码登录奇妙元数字人视频制作平台，并进入该平台默认页面的"创建新视频"选项卡，单击该选项卡中的"新建轨道编辑视频"按钮，如图 7-53 所示。

图 7-53　单击"新建轨道编辑视频"按钮

STEP 06 进入奇妙元数字人视频制作平台的短视频编辑页面，单击"模板"按钮，单击对应模板右上角的➕按钮，如图 7-54 所示，添加模板。

图 7-54　单击对应模板右上角的按钮

STEP 07 弹出"提醒"对话框，单击"确定"按钮，如图 7-55 所示。

图 7-55　"提醒"对话框

STEP 08 执行上一步操作后，即可将短视频模板的相关素材都添加至轨道中。如果用户需要更换虚拟角色，可以选中虚拟角色素材，单击"配音"选项卡中的"元梦 数字人切换"按钮，如图 7-56 所示。

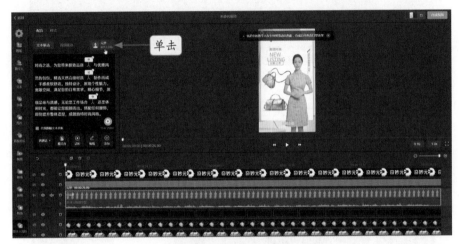

图 7-56　更换虚拟角色素材

STEP 09 弹出"选择数字人"对话框，选择需要切换的数字人形象，如选择"元钶"选项，单击"确认"按钮，如图 7-57 所示。

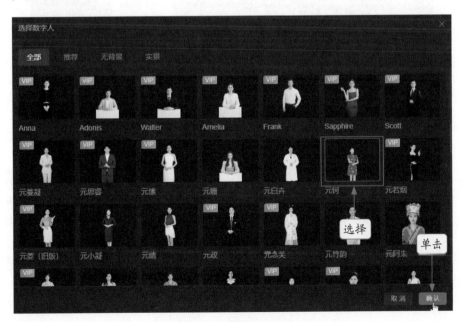

图 7-57　选择数字人形象

STEP 10 执行上一步操作后，即可完成虚拟角色的替换，效果如图 7-58 所示。

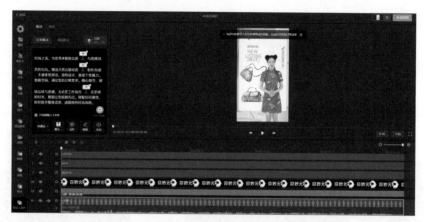

图 7-58　完成虚拟角色替换的效果

STEP 11 因为模板中的信息都是基于原始角色设计的，所以只更换虚拟角色可能会导致这些信息与新角色不匹配的情况。此外，模板中的某些设计元素可能也不符合新角色的设定或期望的显示效果。因此，用户可以根据新角色的具体情况，进行信息的调整。调整虚拟角色的名称，删除与旧角色相关的字幕内容，调整后的效果如图 7-59 所示。

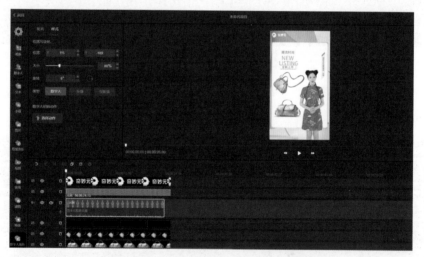

图 7-59　调整短视频模板信息后的效果

▶ **专家指点**

　　在奇妙元数字人视频制作平台的短视频编辑页面中，无法直接分割并删除多余的内容。如果用户要删除短视频中的部分信息，可以先将短视频合成并下载，然后再将短视频上传至剪辑软件中，进行分割、删除等操作。

第8章

调整优化：虚拟角色的形象设置技巧

章前知识导读

　　虚拟角色通过语音交互、动作表达等操作，可以显著提升视觉上的逼真效果。借助虚拟角色，我们可以制作出各种类型的短视频。本章主要以剪映电脑版为例，介绍如何调整和优化虚拟角色短视频，帮助大家更好地掌握形象设置技巧。

新手重点索引

　　🎬 基本设置：虚拟角色形象的调整技巧
　　🎬 优化方法：虚拟角色形象的美化技巧

效果图片欣赏

今天给大家带来一个限时优惠活动

8.1 　基本设置：虚拟角色形象的调整技巧

【效果展示】：在剪映中，我们可以选择一个合适的虚拟角色，然后设置背景样式、景别、智能创作文案、调整数字人的位置和大小，生成符合我们需求的虚拟角色短视频，效果如图 8-1 所示。

图 8-1　设置虚拟角色形象的效果

8.1.1　设置背景样式

剪映素材库中给我们提供了许多的背景样式，可以让虚拟角色短视频的背景变得更丰富，提高短视频画面的观赏性。下面向大家介绍虚拟角色短视频背景样式的设置技巧。

STEP 01 在剪映电脑版中创建一个虚拟角色，选择画中画轨道中的虚拟角色素材，单击"画面"操作区中的"背景"按钮，进行选项卡的切换，如图 8-2 所示。

扫码看视频

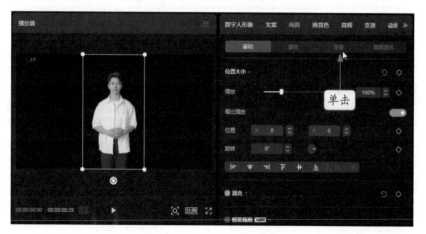

图 8-2　单击"背景"按钮

STEP 02 切换至"背景"选项卡，开启"背景"功能。此时，可以看到"颜色""图片背景"两个选项组，系统默认选择的是"颜色"选项组中的白色背景，效果如图 8-3 所示。

图 8-3 系统默认的白色背景效果

STEP 03 除了系统默认的背景之外，用户也可以选择其他的背景样式。选择相应背景颜色的效果，如图 8-4 所示。

图 8-4 选择相应背景颜色的效果

STEP 04 另外，为了丰富画面的元素，用户还可以上传短视频的背景图片。切换至"媒体"功能区，在"本地"选项卡中，单击"导入"按钮，在弹出的"请选择媒体资源"对话框中，选择图片素材，单击"打开"按钮，如图 8-5 所示。

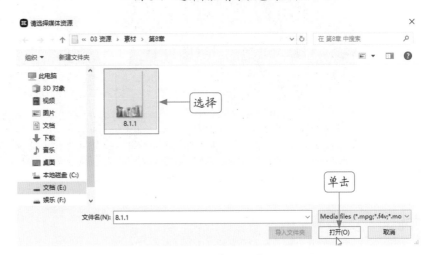

图 8-5 选择图片素材

STEP 05 因为导入的背景样式是竖屏的，所以我们可以先修改虚拟角色素材的视频比例。选择画中画轨道中的虚拟角色素材，单击"比例"按钮，选择"9：16（抖音）"选项，调整视频比例，如图 8-6 所示。

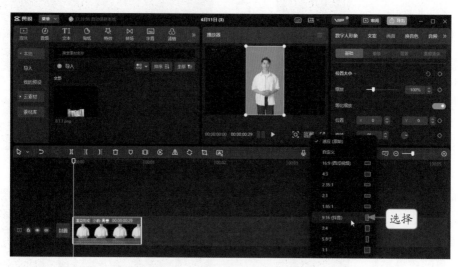

图 8-6　调整虚拟角色素材的比例

STEP 06 单击"媒体"功能区中图片素材右下角的"添加到轨道"按钮，将其添加到画中画轨道中，如图 8-7 所示。

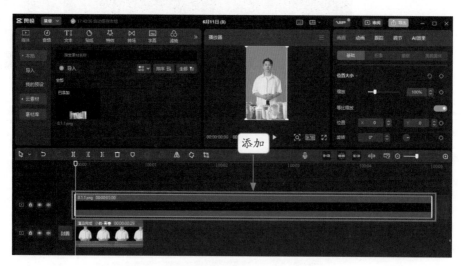

图 8-7　将图片素材添加到画中画轨道中

▶ 8.1.2　设置景别

在剪映素材库中，虚拟角色的景别一共有 4 种，分别为"远景""中景""近景"和"特写"。下面以"中景"的设置为例，向大家介绍具体的操作方法。

STEP 01 选择虚拟角色素材，在"数字人形象"操作区中，单击"景别"按钮，进行选项卡的切换，如图 8-8 所示。

扫码看视频

图 8-8　单击"景别"按钮

STEP 02 切换至"景别"选项卡，即可看到 4 种景别的选项，选择"中景"选项，即可完成景别的设置，如图 8-9 所示。

图 8-9　选择"中景"选项

▶ 专家指点

各景别虚拟角色的主要特征如下。

（1）远景：选择虚拟角色后系统默认的景别，能最大限度展示数字人的整体形象。

（2）中景：较远景而言，在中景中虚拟角色的画面大小不会被改变，但是下半身显示的身体部分会变少。

（3）近景：不会改变虚拟角色在画面中的大小，主要展示的画面是虚拟角色锁骨及以上部位。

（4）特写：特写和近景类似，但是特写的呈现方式是圆形。

▶ 8.1.3　创作文案内容

在剪映中，我们可以使用"智能文案"这一功能，创作虚拟角色中需要用到的文案，不仅快速，而且非常方便。下面介绍具体的操作步骤。

扫码看视频

STEP 01 切换至"文案"操作区，单击"智能文案"按钮■，如图 8-10 所示。

图 8-10 单击"智能文案"按钮

STEP 02 在弹出的"智能文案"对话框中，默认选择"写口播文案"选项，输入相应的文案要求，如"短视频带货，多款奶茶限时优惠购"，单击■按钮，如图 8-11 所示。

STEP 03 执行以上操作后，剪映即可根据用户输入的要求生成对应的文案内容，如图 8-12 所示。

图 8-11 单击按钮

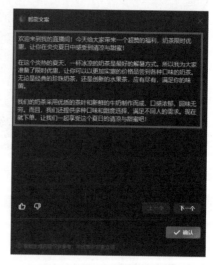

图 8-12 生成对应的文案内容

STEP 04 单击"下一个"按钮，剪映会重新生成文案内容，如图 8-13 所示，当生成满意的文案后，单击"确认"按钮即可。

STEP 05 执行上一步操作后，即可将智能生成的文案填入到"文案"操作区中，如图 8-14 所示。

▶ 专家指点

　　在剪映电脑版中，使用相同的提示词，生成的文案内容也会有一定的差异。在制作本节的短视频时，用户只需根据需求生成合适的文案即可，不必追求文字的完全相同。

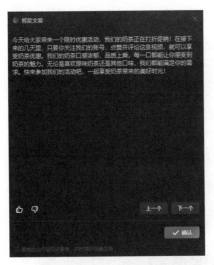

图 8-13　重新生成文案内容

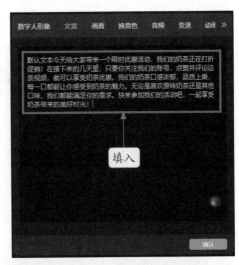

图 8-14　将智能生成的文案内容填入到"文案"操作区中

STEP 06 对填入的文案内容进行适当删减和修改，让其更符合要求，单击"确认"按钮，如图 8-15 所示。

图 8-15　对文案内容删减和修改

STEP 07 执行以上操作后，即可自动更新虚拟角色的音频，并完成虚拟角色素材轨道的渲染，如图 8-16 所示。

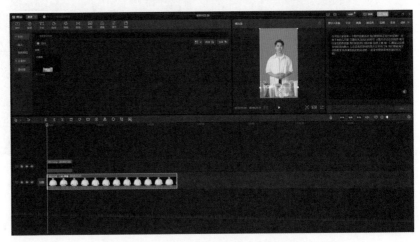

图 8-16　完成虚拟角色素材轨道的渲染

STEP 08 调整背景素材的时长，使其与虚拟角色素材的时长相等，如图 8-17 所示。

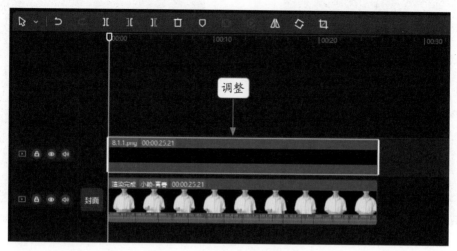

图 8-17　调整背景素材的时长

8.1.4　设置位置

智能创作完成文案后，我们需要去调整虚拟角色在短视频画面中的位置，使其能更完美契合背景样式和装饰素材。下面介绍具体的操作步骤。

扫码看视频

STEP 01 选择主轨道中的虚拟角色素材，选择"画面"选项，进行操作区的切换，如图 8-18 所示。

图 8-18　单击"画面"按钮

STEP 02 进入"画面"操作区的"基础"选项卡，根据要求设置"位置"的参数，如将 X 轴的数值设置为 0，将 Y 轴的数值设置为 50，如图 8-19 所示。

图 8-19 设置"位置"的参数

▶ 专家指点

　　除了调整数字人在视频画面中的大小和位置之外，我们也可以对添加的背景素材进行相应的调整，以此来完善画面。

8.1.5 设置字幕

　　如果短视频中存在虚拟角色的口播内容，那么用户可以运用"识别字幕"功能，将口播内容生成相应的字幕，便于观众更好地理解。下面介绍具体的操作步骤。

扫码看视频

STEP 01 选择主轨道中的虚拟角色素材，单击功能区中的"文本"按钮，进行功能区的切换，如图 8-20 所示。

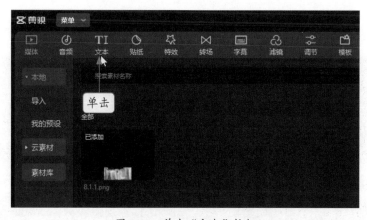

图 8-20 单击"文本"按钮

STEP 02 切换至"文本"功能区，单击"智能字幕"按钮，进行选项卡的切换，如图 8-21 所示。

STEP 03 切换至"智能字幕"选项卡，单击"识别字幕"板块中的"开始识别"按钮，识别虚拟角色素材中的字幕，如图 8-22 所示。

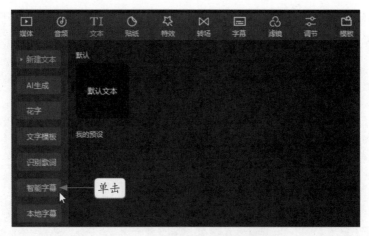

图 8-21 单击"智能字幕"按钮

图 8-22 单击"开始识别"按钮

STEP 04 执行以上操作后，即可识别虚拟角色素材，并且匹配相对应的字幕，如图 8-23 所示。

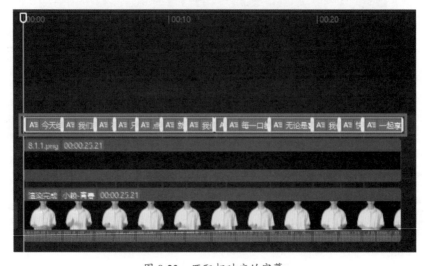

图 8-23 匹配相对应的字幕

STEP 05 进入"文本"操作区的"基础"选项卡，设置字幕的字体、字号和样式参数，如图 8-24 所示。

图 8-24 设置字幕的字体、字号和样式参数

STEP 06 选择合适的样式，设置字幕的预设样式，如图 8-25 所示。

图 8-25 设置字幕的预设样式

STEP 07 设置字幕的位置和大小的相关参数，如图 8-26 所示，即可完成字幕信息的设置。

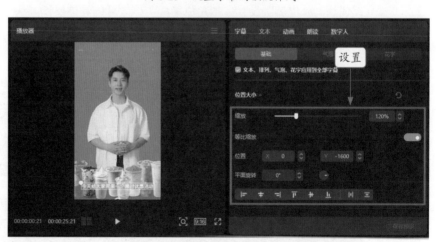

图 8-26 设置字幕的位置和大小的相关参数

8.2 优化方法：虚拟角色形象的美化技巧

生成虚拟角色后，我们还可以在剪映电脑版中进行相应的优化处理，如设置美颜美体效果、更改虚拟角色的音色、添加动画效果等。美化虚拟角色的整体形象，让整个短视频画面更具观赏性。本节为大家介绍虚拟角色形象的常见美化技巧。

▶ 8.2.1　设置美颜美体效果

【效果展示】：设置美颜美体效果，可以提高虚拟角色外部形象的美观度，从而吸引更多观众观看短视频。在剪映电脑版中设置虚拟角色美颜美体的效果，如图 8-27 所示。

扫码看视频

图 8-27　设置虚拟角色美颜美体的效果

下面介绍使用剪映电脑版设置虚拟角色美颜美体效果的具体操作方法。

STEP 01 新建一个默认文本素材，在"数字人"操作区中，选择一个合适的虚拟角色形象，单击"添加数字人"按钮，如图 8-28 所示。

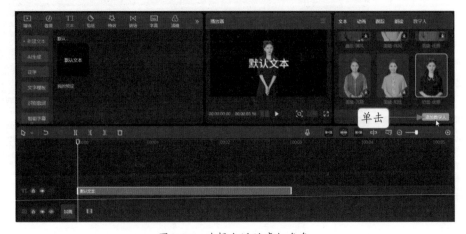

图 8-28　选择合适的虚拟角色

STEP 02 执行上一步操作后，会对虚拟角色素材进行渲染。渲染完成后，选择文本素材，单击"删除"按钮 ，删除文本素材。选择虚拟角色素材，切换至"背景"选项卡，选中"背景"复选框，在"颜色"选项组中，选择一个合适的背景样式。例如，为了后期抠像的方便，可以选择一个绿色的背景，如图 8-29 所示。

图 8-29　选择一个绿色的背景

STEP 03 在"播放器"窗口中，单击"比例"按钮，选择"9：16（抖音）"选项，如图 8-30 所示，调整虚拟角色短视频的比例。

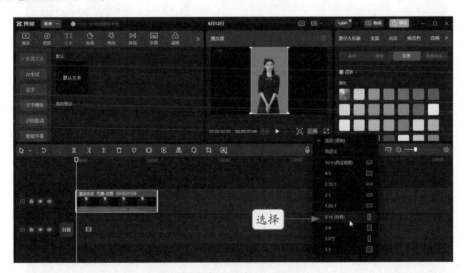

图 8-30　设置虚拟角色短视频的比例

STEP 04 切换至"文案"操作区，输入相应的虚拟角色短视频文案，如图 8-31 所示。

STEP 05 单击"确认"按钮，即可自动更新虚拟角色的音频，并完成虚拟角色素材的渲染，如图 8-32 所示。

STEP 06 选择虚拟角色素材，切换至"画面"操作区，单击"美颜美体"按钮，进行选项卡的切换，如图 8-33 所示。

图 8-31 输入相应的虚拟角色短视频文案

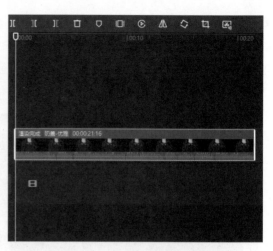

图 8-32 完成虚拟角色素材的渲染

图 8-33 单击"美颜美体"按钮

STEP 07 在"美颜美体"选项卡中，选中"美颜"复选框，"磨皮"参数设置为30、"美白"参数设置为60，让虚拟角色的皮肤看起来更细腻、白净，如图 8-34 所示。

图 8-34 设置"磨皮"和"美白"参数

STEP 08 选中"美型"复选框，"瘦脸"参数设置为 30，让虚拟角色的脸部看起来更加小巧，如图 8-35 所示。

图 8-35 设置"瘦脸"参数

STEP 09 选中"美体"复选框，"瘦腰"参数设置为 30，让虚拟角色的腰部看起来更纤细，如图 8-36 所示。

图 8-36 设置"瘦腰"参数

8.2.2 更改虚拟角色的音色

【效果展示】：在剪映的素材库中提供了丰富的音色资源，用户可以更改虚拟角色的音色，从而制作出良好的视听效果，如图 8-37 所示。

下面介绍使用剪映电脑版更改虚拟角色音色的具体操作方法。

扫码看视频

STEP 01 新建一个默认文本素材，在"数字人"操作区中，选择一个合适的虚拟角色形象，单击"添加数字人"按钮，如图 8-38 所示。

STEP 02 执行操作后，会对虚拟角色素材进行渲染。渲染完成后，删除文本素材，选择一个合适的背景样式。在"播放器"窗口中，单击"比例"按钮，选择"9：16（抖音）"选项，如图 8-39 所示。

图 8-37 更改虚拟角色音色的短视频效果

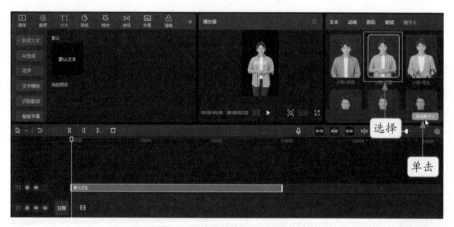

图 8-38 选择合适的虚拟角色

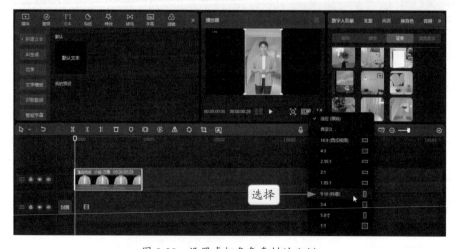

图 8-39 设置虚拟角色素材的比例

STEP 03 切换至"文案"操作区，输入相应的虚拟角色短视频文案，如图 8-40 所示。

STEP 04 单击"确认"按钮，即可自动更新虚拟角色的音频，并完成虚拟角色素材的渲染，如图 8-41 所示。

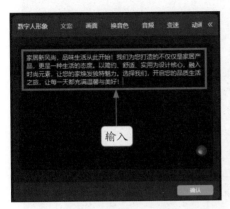
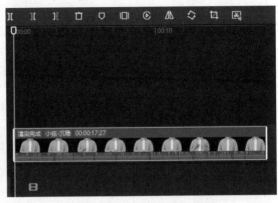

图 8-40　输入相应的虚拟角色短视频文案　　　图 8-41　完成虚拟角色素材的渲染

STEP 05 选择虚拟角色素材，单击"音频"按钮，进行操作区的切换，如图 8-42 所示。

图 8-42　单击"音频"按钮

STEP 06 进入"音频"操作区的"基础"选项卡，单击"声音效果"按钮，进行选项卡的切换，如图 8-43 所示。

图 8-43　单击"声音效果"按钮

STEP 07 切换至"声音效果"|"音色"选项卡。在该选项卡中选择一个合适的音色，即可更改虚拟角色的音色，如图 8-44 所示。

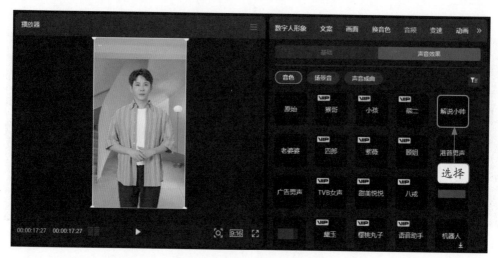

图 8-44　选择一个合适的音色

STEP 08 切换至"声音效果"|"场景音"选项卡，在该选项卡中选择一个合适的场景音，让虚拟角色的音频素材呈现出更好的效果，如图 8-45 所示。

图 8-45　选择一个合适的场景音

▶ 专家指点

除了"音频"操作区外，用户还可以通过"换音色"操作区更改虚拟角色的音色。只是这两个操作区中提供的音色选项有一些差异，在实际操作时，用户可以根据实际所需进行选择。

8.2.3　为虚拟角色添加动画效果

【效果展示】：为短视频的虚拟角色添加动画效果，可以增加其趣味性和独特性，短视频从一开始就能紧紧抓住受众的眼球，这能在一定程度上提高观众对该短视频的记忆。在剪映电脑版中为虚拟角色添加动画的效果，如图 8-46 所示。

图 8-46　为虚拟角色添加动画的效果

下面将介绍使用剪映电脑版为虚拟角色添加动画效果的具体操作方法。

STEP 01 新建一个默认文本素材，在"数字人"操作区中，选择一个合适的虚拟角色形象，单击"添加数字人"按钮，如图 8-47 所示。

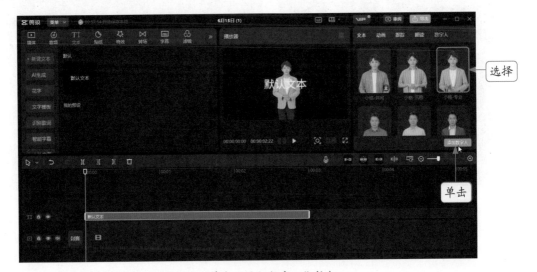

图 8-47　单击"添加数字人"按钮

STEP 02 执行上一步操作后，会对虚拟角色素材进行渲染。渲染完成后，删除文本素材，选择一个合适的背景样式。在"播放器"窗口中，单击"比例"按钮，选择"9：16（抖音）"选项，如图8-48所示。

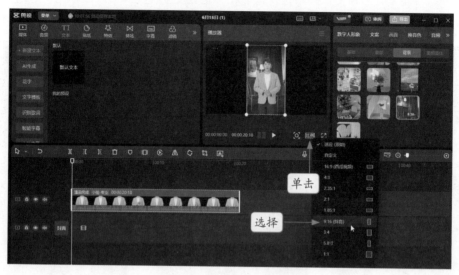

图 8-48　设置虚拟角色素材的比例

STEP 03 切换至"文案"操作区，输入相应的虚拟角色短视频文案，单击"确认"按钮，如图8-49所示。

STEP 04 执行上一步操作后，即可自动更新虚拟角色的音频，并完成虚拟角色素材的渲染，如图8-50所示。

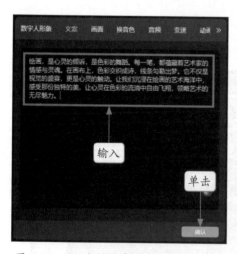

图 8-49　输入相应的虚拟角色短视频文案

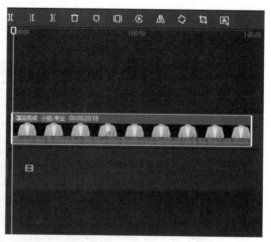

图 8-50　完成虚拟角色素材的渲染

STEP 05 选择虚拟角色素材，单击"动画"按钮，进行操作区的切换，如图8-51所示。

STEP 06 进入"动画"操作区的"入场"选项卡，选择合适的入场动画效果，设置入场动画的时长，如图8-52所示。

STEP 07 单击"动画"操作区中的"出场"按钮，进行选项卡的切换，如图8-53所示。

图 8-51　单击"动画"按钮

图 8-52　设置入场动画的时长

图 8-53　单击"出场"按钮

STEP 08 切换至"出场"选项卡。在该选项卡中选择合适的出场动画效果，设置出场动画的时长，如图 8-54 所示。

图 8-54 设置出场动画的时长

STEP 09 执行上一步操作后，当虚拟角色素材的音频中显示箭头时，动画效果设置成功，如图 8-55 所示。

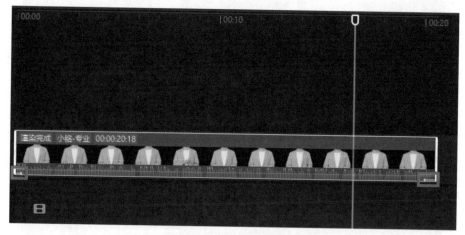

图 8-55 动画效果设置成功

第9章

视频编辑：虚拟角色短视频的处理技巧

章前知识导读

在制作虚拟角色短视频时，为了让短视频呈现出更好的效果，我们通常需要进行一些剪辑处理。本章将以腾讯智影为例，为大家讲解虚拟角色短视频的编辑技巧，帮助大家更好地制作出满意的作品。

新手重点索引

- 初级编辑：虚拟角色短视频的初步处理
- 高级编辑：虚拟角色短视频的后期处理

效果图片欣赏

9.1 初级编辑：虚拟角色短视频的初步处理

【效果展示】：在腾讯智影中生成虚拟角色短视频时，用户选择模板后，即可在预览页面中对短视频进行初级剪辑，获得基本的处理效果，效果如图 9-1 所示。

图 9-1　虚拟角色短视频的初级编辑效果

9.1.1　设置虚拟角色的形象

腾讯智影提供了丰富的虚拟角色形象，而且不同的虚拟角色均设置了多套服装、姿势、形状和动作，并支持更换画面背景。下面介绍设置虚拟角色形象的操作方法。

STEP 01 进入腾讯智影的"创作空间"页面，单击"数字人播报"选项区域中的"去创作"按钮，进入相应页面，展开"模板"面板，单击"竖版"按钮，选择一个虚拟角色模板，单击预览图右上角的 按钮，确认选择该虚拟角色模板，如图 9-2 所示。

扫码看视频

图 9-2　单击预览图右上角的按钮

STEP 02 执行上一步操作后，即可应用对应虚拟角色模板，并将虚拟角色模板添加至预览窗口中，如图 9-3 所示。

图 9-3 将虚拟角色模板添加至预览窗口中

STEP 03 将虚拟角色模板添加至预览窗口后，用户可以根据要求调整虚拟角色的形象。以更换模板中的虚拟角色为例，用户只需展开"数字人"面板，在"预置形象"选项卡中，选择对应的虚拟角色，如选择"冰璇"选项，如图 9-4 所示。

图 9-4 选择"冰璇"选项

STEP 04 执行上一步操作后，即可完成虚拟角色的替换，可以看到此时虚拟角色的显示效果比较差，而且替换后，系统也不会自动选择虚拟角色素材，这就需要用户手动设置虚拟角色的显示位置和大小。单击短视频预览页面下方的"展开轨道"按钮，如图 9-5 所示。

STEP 05 在展升的轨道中选择虚拟角色的素材，单击页面右上方的"画面"按钮，进行选项卡的切换，如图 9-6 所示。

STEP 06 执行上一步操作后，收起轨道，在"画面"选项卡中设置虚拟角色的"坐标"和"缩放"参数，完成虚拟角色的形象设置，如图 9-7 所示。

图 9-5 单击"展开轨道"按钮

图 9-6 单击"画面"按钮

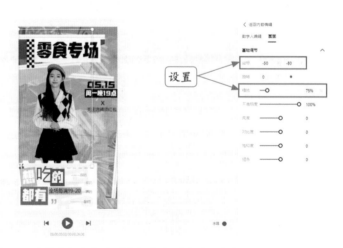

图 9-7 设置虚拟角色的"坐标"和"缩放"参数

▶ 9.1.2 设置短视频的播报内容

扫码看视频

完成虚拟角色形象的设置后，需在"播报内容"文本框中输入或修改相应播报内容，并对播报内容进行精细化的调整。下面介绍具体的操作步骤。

STEP 01 完成虚拟角色的形象设置后，单击"返回内容编辑"按钮，返回内容编辑板块，在"播报内容"选项卡中，单击"改写"按钮，让腾讯智影改写虚拟角色的播报内容，如图 9-8 所示。

图 9-8 单击"改写"按钮

STEP 02 执行上一步操作后，腾讯智影会对模板中的播报内容进行改写，并自动填入改写后的播报内容，如图 9-9 所示。

STEP 03 改写后的播报内容可能会有一些不太符合要求的信息，对此，用户可以根据要求对播报内容进行修改，如图 9-10 所示。

STEP 04 除了播报内容的文字信息之外，用户还可以对播报的音色进行修改。单击"播报内容"选项卡中的对应音色按钮，如图 9-11 所示。

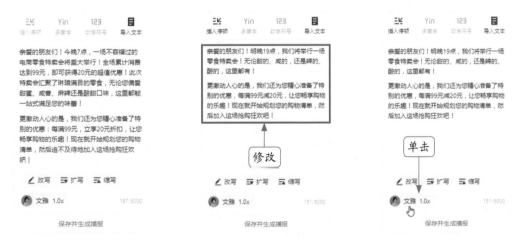

图 9-9 自动填入改写后的播报内容　　图 9-10 对播报内容进行修改　　图 9-11 单击对应的音色按钮

STEP 05 在弹出的"选择音色"对话框中，选择合适的音色，单击"确认"按钮，如图 9-12 所示。

图 9-12　选择合适的音色

STEP 06 执行上一步操作后，如果"播报内容"选项卡中显示为所选音色的按钮，就说明音色设置成功，如图 9-13 所示。

STEP 07 设置完成播报文字信息和音色，单击"保存并生成播报"按钮，如图 9-14 所示。

STEP 08 执行上一步操作后，如果"保存并生成播报"按钮中的文字变成了灰色，如图 9-15 所示，就说明播报的文字信息和音色设置成功，即可生成相应的播报内容。

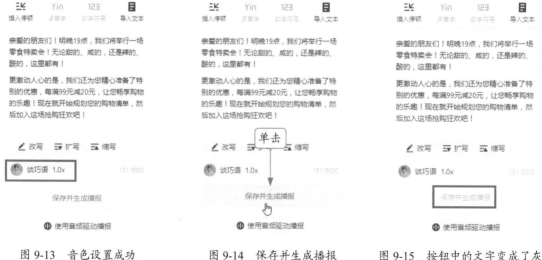

图 9-13　音色设置成功　　　图 9-14　保存并生成播报　　　图 9-15　按钮中的文字变成了灰色

▶ 9.1.3 设置短视频的文字信息

用户可以随时编辑虚拟角色短视频模板中的文字信息，包括删除多余的文字信息，调整文字信息的位置和修改文字内容等。下面介绍具体的操作步骤。

STEP 01 在腾讯智影的短视频预览页面中，选择多余的文字信息，右击并在弹出的快捷菜单中选择"删除"命令，如图 9-16 所示。

图 9-16 删除多余的文字信息

STEP 02 执行上一步操作后，即可删除所选的文字信息。参照同样的操作，删除其他多余的文字信息，效果如图 9-17 所示。

图 9-17 删除多余文字信息后的效果

STEP 03 选择需要调整位
置的文字信息，按住鼠标
左键，将其拖曳至合适的
位置，如图 9-18 所示，
即可完成文字信息的位置
调整。

图 9-18　将文字信息拖曳至合适的位置

STEP 04 选择需要修改的
文字信息，在页面右侧的
"样式编辑"选项卡中设
置"文本"和"字符"参数，
如图 9-19 所示，完成文字
信息的调整。

图 9-19　设置"文本"和"字符"信息

STEP 05 按照同样的操作
步骤，完成其他文字信息
的调整，效果如图 9-20
所示。

图 9-20　完成其他文字信息调整的效果

9.1.4　设置短视频的字幕样式

在腾讯智影中，用户可以开启"字幕"功能，并设置字幕样式，在虚拟角色短视频中同步显示与语音相对应的字幕。下面介绍具体的操作步骤。

STEP 01 在腾讯智影的短视频预览页面中，单击"字幕"右侧的●按钮，即可开启字幕功能，如图 9-21 所示。

图 9-21　单击"字幕"右侧按钮

STEP 02 如果●按钮变成⬤按钮，并且显示字幕信息，则字幕开启成功，如图 9-22 所示。

图 9-22　字幕开启成功

STEP 03 选中短视频预览页面中的字幕，选择页面右侧的"字幕样式"选项卡，如图 9-23 所示。

图 9-23 单击"字幕样式"按钮

STEP 04 切换至"字幕样式"选项卡，对字幕的"预设样式"和"字符"进行设置，如图 9-24 所示。

图 9-24 设置字幕的预设样式和字符信息

STEP 05 滚动鼠标滚轮，设置字幕的"坐标"参数，如图 9-25 所示，即可完成字幕的设置。

图 9-25 设置字幕的"坐标"参数

▶ 专家指点

在设置虚拟角色短视频的字幕时，用户需要查询所使用字体是否可以作为商业用途。使用那些不可商用的字体，可能会有侵权的风险。

▶ 9.1.5　设置短视频的贴纸效果

在腾讯智影中提供了许多贴纸效果，在编辑虚拟角色的短视频时，用户可以在"贴纸"面板中找到自己喜欢的贴纸，然后将其添加到短视频中。下面介绍具体的操作步骤。

扫码看视频

STEP 01 在腾讯智影的短视频预览页面中，单击"贴纸"按钮，如图 9-26 所示，进行面板的切换。

图 9-26　单击"贴纸"按钮

STEP 02 进入"贴纸"面板，在该面板中选择一款合适的贴纸，如图 9-27 所示。

图 9-27　选择一个合适的贴纸

STEP 03 执行以上操作
后，会展开轨道并显
示贴纸信息。同时，
页面的右侧会显示贴
纸信息的编辑区，如
图 9-28 所示。

图 9-28　页面的右侧显示贴纸信息的编辑区

STEP 04 在展开的轨道
中，选择贴纸素材，
调整贴纸素材的长度，
如图 9-29 所示，使其
与其他文字信息的长
度一致。

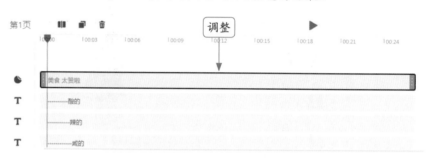

图 9-29　调整贴纸素材的长度

STEP 05 在贴纸信息的
编辑区中，设置贴纸
的相关参数。如设置
贴纸的"基础调节"
参数，如图 9-30 所示，
完成贴纸效果的设置。

图 9-30　设置贴纸的"基础调节"参数

▶ 专家指点

　　除了"基础调节"之外，用户还可以对贴纸的"进场""出场""循环"参数进行设置。在实际操作过程中，
用户只需根据实际需求进行相关设置。

▶ 9.1.6 切割、删除和合成短视频

对虚拟角色短视频的各种信息进行设置后，用户可以对短视频进行切割、删除和合成等操作，完成虚拟角色短视频的制作。下面介绍具体的操作步骤。

扫码看视频

STEP 01 在腾讯智影的短视频预览页面中，展开轨道，全选短视频素材，拖曳时间轴至虚拟角色素材的结束位置，单击"切割"按钮 ◫，如图 9-31 所示。

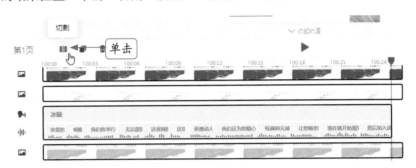

图 9-31 单击"切割"按钮

STEP 02 执行上一步操作后，即可将短视频的素材进行分割，选择多余的短视频素材，单击"删除"按钮 🗑，删除多余的短视频素材，如图 9-32 所示。

图 9-32 单击"删除"按钮

STEP 03 将多余的短视频素材删除后，单击"合成视频"按钮，进行短视频的合成，如图 9-33 所示。

图 9-33 单击"合成视频"按钮

STEP 04 执行上一步操作后，会弹出"合成设置"对话框，如图 9-34 所示。

STEP 05 在"合成视频"对话框中设置短视频的名称，单击"确定"按钮，确定合成短视频，如图 9-35 所示。

图 9-34 弹出"合成设置"对话框　　　图 9-35 单击"确定"按钮（1）

STEP 06 在弹出的"功能消耗提示"对话框中，单击"确定"按钮，如图 9-36 所示（有时候系统可能会跳过这一步）。

图 9-36 单击"确定"按钮（2）

STEP 07 执行上一步操作后，会跳转至"我的资源"页面进行短视频的合成，并显示短视频的合成进度，如图 9-37 所示。

图 9-37 显示短视频的合成进度

STEP 08 短视频合成成功后，用户可以单击对应短视频封面中的 ⬇ 按钮，将短视频下载至电脑中，如图 9-38 所示。

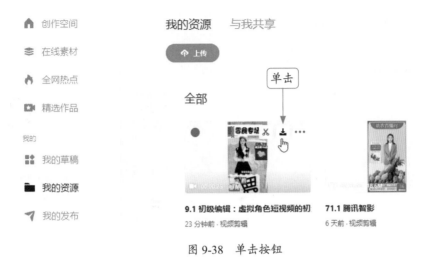

图 9-38　单击按钮

9.2　高级编辑：虚拟角色短视频的后期处理

【效果展示】：除了预览页面之外，用户还可以通过剪辑页面处理短视频，对虚拟角色短视频进行高级编辑和后期处理，效果如图 9-39 所示。

图 9-39　虚拟角色短视频的高级编辑效果

▶ 9.2.1 添加虚拟角色的模板

在腾讯智影的视频剪辑页面中，提供了各种各样的虚拟角色模板，用户可以选择合适的模板进行添加。下面介绍具体的操作步骤。

扫码看视频

STEP 01 进入腾讯智影的"创作空间"页面，单击"视频剪辑"按钮，如图 9-40 所示。

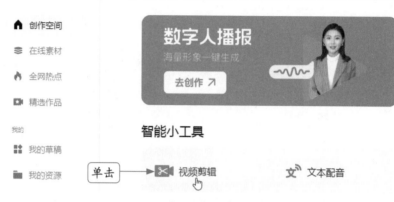

图 9-40 单击"视频剪辑"按钮

STEP 02 进入视频剪辑页面，单击"模板库"按钮，进行面板的切换，如图 9-41 所示。

图 9-41 单击"模板库"按钮

STEP 03 展开"模板"面板，在"数字人"选项卡中单击相应模板右上角的"添加到轨道"按钮➕，如图 9-42 所示。

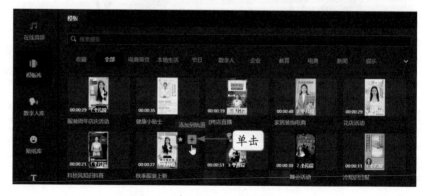

图 9-42 单击"添加到轨道"按钮

STEP 04 执行以上操作后，即可添加一个虚拟角色短视频模板，模板的预览效果如图 9-43 所示。

图 9-43 模板的预览效果

9.2.2 调整虚拟角色的呈现效果

使用模板制作虚拟角色短视频时，用户可以对虚拟角色信息进行调整，提升虚拟角色在画面中的呈现效果。下面介绍具体的操作步骤。

扫码看视频

STEP 01 在数字人编辑页面中，单击模板上的"高级编辑"按钮，如图 9-44 所示。

图 9-44 单击"高级编辑"按钮

STEP 02 进入短视频的高级编辑页面，会显示短视频模板的素材轨道，在轨道中选择虚拟角色素材，如图 9-45 所示。

图 9-45 选择虚拟角色素材

STEP 03 进入虚拟角色
的"配音"选项卡，
单击"画面"按钮，
进行切换，如图 9-46
所示。

图 9-46　单击"画面"按钮

STEP 04 切换至"基
础"选项卡，在该选
项卡中设置虚拟角色
的"位置与变化"参
数，如图 9-47 所示。

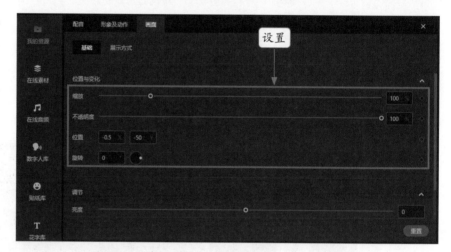

图 9-47　设置虚拟角色的"位置与变化"参数

STEP 05 切换至"展示
方式"选项卡，在该选
项卡中选择虚拟角色的
展示方式，如图 9-48
所示，完成虚拟角色呈
现效果的调整。

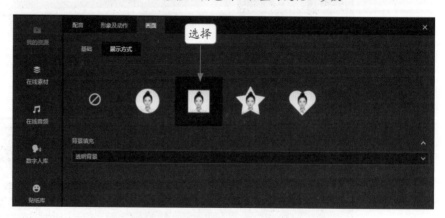

图 9-48　选择虚拟角色的展示方式

▶ **专家指点**

除了对"画面"信息设置之外，用户还可以通过"形象及动作"的信息设置来调整虚拟角色的呈现效果。当然，在具体操作时，用户需要查看虚拟角色形象的实际效果。如果模板中的虚拟角色比较合适，就不需要去调整"形象及动作"信息了。

▶ 9.2.3　更改虚拟角色的配音

在虚拟角色模板中，用户通常会将一个虚拟角色作为主体，并使用对应的配音音色，也可以根据实际需求对虚拟角色的配音效果进行更改。下面介绍具体的操作步骤。

扫码看视频

STEP 01 进入"数字人编辑"面板中，选择"配音"选项卡，单击文本框的空白位置，如图 9-49 所示。

图 9-49　单击文本框的空白位置

STEP 02 在弹出的"数字人文本配音"面板中修改文本内容，单击"文雅"按钮，即可修改对应虚拟角色的音色，如图 9-50 所示。

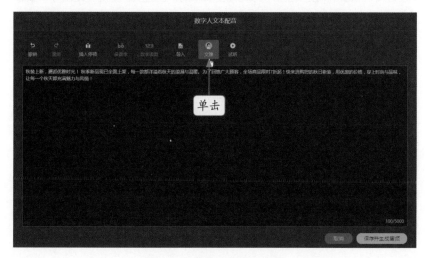

图 9-50　单击"文雅"按钮

STEP 03 在弹出的"选择音色"对话框中选择合适的音色，单击"确认"按钮，如图 9-51 所示。

图 9-51 选择合适音色

STEP 04 返回"数字人文本配音"对话框，单击"保存并生成音频"按钮，如图 9-52 所示。

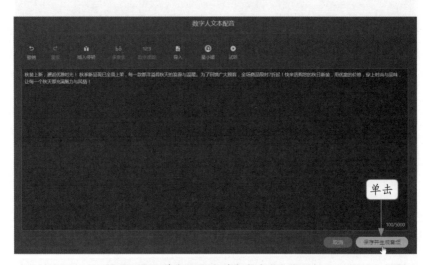

图 9-52 单击"保存并生成音频"按钮

STEP 05 执行上一步操作后，即可生成新的音频，如图 9-53 所示，完成对虚拟角色的配音更改。

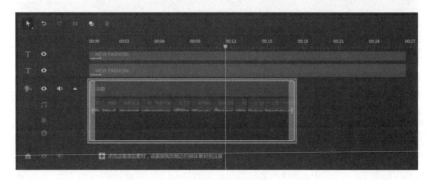

图 9-53 生成新的音频

9.2.4 调整短视频的文字信息

为了提升短视频的美观度，确保其内容的准确性。在短视频编辑页面中，用户可以对虚拟角色短视频中显示的文字信息进行调整。下面介绍具体的操作步骤。

STEP 01 在短视频高级编辑页面的预览窗口中，选择需要删除的文字信息，右击并在弹出的快捷菜单中选择"删除"命令，如图 9-54 所示。

图 9-54　选择"删除"选项

STEP 02 执行上一步操作后，即可删除所选的文字信息，效果如图 9-55 所示。

图 9-55　删除所选的文字信息

STEP 03 在短视频高级编辑页面的预览窗口中，选择需要调整的文字信息，在"数字人编辑"面板中"编辑"|"基础"选项卡的"内容"板块中调整文字内容，如图 9-56 所示。

图 9-56 调整文字内容

STEP 04 滚动鼠标滚轮，设置所选文字的"字符"参数，如图 9-57 所示。

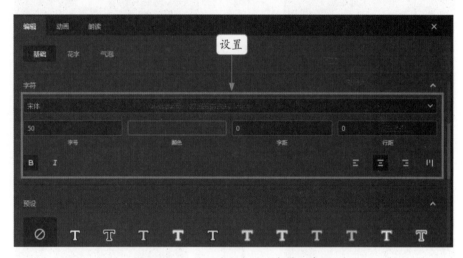

图 9-57 设置所选文字的"字符"参数

STEP 05 再次滚动鼠标滚轮，设置所选文字的"位置与变化"参数，如图 9-58 所示，即可完成文字参数的调整。

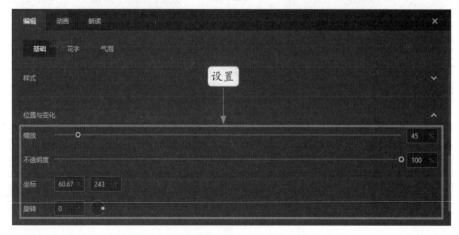

图 9-58 设置所选文字的"位置与变化"参数

▶ 9.2.5 切割、删除和合成短视频

在虚拟角色短视频的基本信息编辑完成后，用户可以对短视频进行分割和删除，完成短视频的制作，并将其合成。下面介绍具体的操作步骤。

扫码看视频

STEP 01 在短视频高级编辑页面中，全选轨道中的所有素材，拖曳时间轴至虚拟角色素材结束的位置，单击"分割"按钮▊▊，如图 9-59 所示。

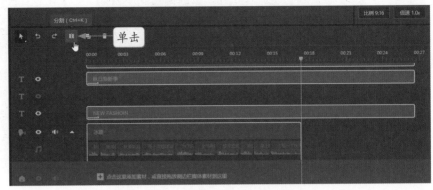

图 9-59　单击"分割"按钮

STEP 02 执行上一步操作后，即可对短视频的素材进行分割，选择多余的短视频素材，单击"删除"按钮▊，删除多余的短视频素材，如图 9-60 所示。

图 9-60　单击"删除"按钮

STEP 03 在短视频高级编辑页面中，单击最上方的"您正在使用高级编辑，点击此处即可返回数字人编辑"链接，如图 9-61 所示。

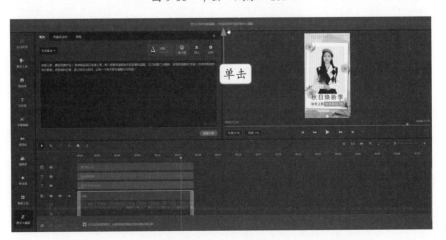

图 9-61　单击"您正在使用高级编辑，点击此处即可返回数字人编辑"链接

STEP 04 返回数字人编辑页面，单击"合成"按钮，如图 9-62 所示，根据提示进行操作，即可完成虚拟角色短视频的合成。

图 9-62 单击"合成"按钮

案例实战篇

第 10 章
信息展示：《常见花卉欣赏》

章前知识导读

信息展示类短视频旨在通过视频展示内容，让观众可以快速了解相关的信息。例如，通过展示不同种类的花卉，可以让观众对它们的外观有所了解。本章将以腾讯智影为例，为大家介绍《常见花卉欣赏》短视频的具体制作方法。

新手重点索引

- 创作文案内容
- 调整短视频的效果

- 使用文案制作短视频
- 合成并下载短视频

效果图片欣赏

大自然赋予我们许多美丽的花卉

郁金香以其简洁大方的形态广受欢迎

10.1 创作文案内容

扫码看视频

【效果展示】：腾讯智影为用户提供了"AI 创作"功能，借助该功能，用户可以快速完成文案内容的创作，效果如图 10-1 所示。

图 10-1　使用"AI 创作"功能创作的文案内容的效果

下面介绍使用腾讯智影的"AI 创作"功能创作文案内容的具体操作方法。

STEP 01 进入腾讯智影的"创作空间"页面，单击页面中的"文章转视频"按钮，进入对应页面。在该页面上方的输入框中输入文案创作的提示词，单击"AI 创作"按钮，如图 10-2 所示。

图 10-2　单击"AI 创作"按钮

STEP 02 执行操作后，腾讯智影将使用 AI 创作文案，并显示创作的进度，如图 10-3 所示。

图 10-3　显示 AI 文案创作的进度

STEP 03 随后，显示 AI 创作的文案内容，如图 10-4 所示。

请帮我修改这篇文章，将它　　改写一下　　扩写至800字左右　　缩写至500字以内　　润色一下

请输入修改意见　　　　　　　　　　　　　　　　　　　　**AI创作**

↶ 撤销　　↷ 重做　　✑ 改写　　☰ 扩写　　☰ 缩写　　　　　　　🔥 热点搜单

大自然赋予我们许多美丽的花卉，每一种都蕴含独特的魅力。首先，玫瑰花被誉为"花中皇后"，其优雅的姿态和浓郁的香气，使其成为表达爱情和美丽的象征。无论是用于装饰还是赠送，它总能传递深厚情意。其次，郁金香以其简洁大方的形态广受欢迎。它们象征着高贵与希望，是春季花园中不可或缺的亮点。郁金香的挺拔和雅致，使人们在欣赏中感受到自然的宁静与和谐。此外，百合花以其纯洁和高雅著称，常出现在婚礼和庆典场合。百合花的芬芳和典雅，不仅带来视觉的享受，更传递出祝福与美好的寓意。最后，向日葵以其阳光般的姿态和积极向上的寓意，深受人们喜爱。向日葵象征着希望和力量，总能带给人们温暖与振奋。这些花卉，各具特色，共同点缀着我们的生活，带来无尽的美好和愉悦。

图 10-4　显示 AI 创作的文案内容

STEP 04 如果用户对 AI 创作的部分内容不满意，可以手动进行修改，使其更符合要求。调整后的文案内容的效果参见【效果展示】。

▶ **专家指点**

在腾讯智影中，用户除了手动修改文案内容，还可以在"请输入修改意见"输入框中输入提示词，让 AI 根据要求修改文案内容。

10.2　使用文案制作短视频

【效果展示】：使用腾讯智影的"AI 创作"功能创作文案内容后，用户可以直接使用创作的文案内容生成短视频，并替换其中不合适的素材，完成短视频的初步制作，效果如图 10-5 所示。

扫码看视频

图 10-5　在腾讯智影中初步制作的短视频效果

下面介绍在腾讯智影中使用文案制作短视频的具体操作方法。

STEP 01 在"文章转视频"页面中完成文案内容的创作后，设置短视频的生成信息，如设置"成片类型"为"解压类视频"，设置"视频比例"为"横屏"，设置"朗读音色"为"康哥"，单击"生成视频"按钮，如图 10-6 所示，即可生成短视频。

图 10-6 单击"生成视频"按钮

STEP 02 执行以上操作后，将会显示短视频剪辑生成的进度，稍等片刻，即可进入短视频编辑页面，查看短视频的雏形，如图 10-7 所示。

图 10-7 查看短视频的雏形

STEP 03 为了方便替换素材，用户需要先将短视频分割开。将时间轴拖曳至需要分割短视频的位置，单击"分割"按钮，如图 10-8 所示。

STEP 04 执行上一步操作后，即可将短视频分割开，如图 10-9 所示。

STEP 05 按照同样的操作方法，将短视频的其他部分都分割开，如图 10-10 所示。

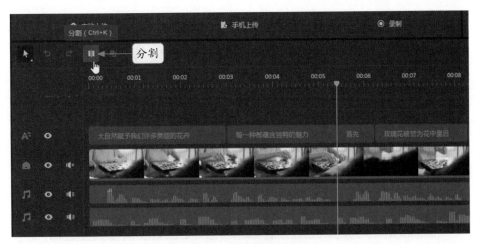

图 10-8　单击"分割"按钮

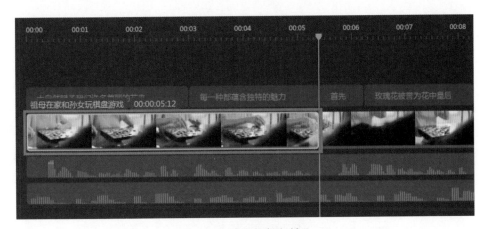

图 10-9　将短视频分割开

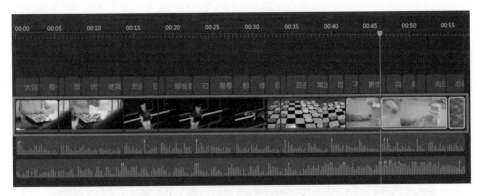

图 10-10　将短视频的其他部分都分割开

STEP 06 进入短视频编辑页面，单击"当前使用"选项卡中的"本地上传"按钮，如图 10-11 所示。

STEP 07 弹出"打开"对话框，在该对话框中选择需要上传的素材，单击"打开"按钮，如图 10-12 所示。

STEP 08 执行以上操作后，如果"当前使用"选项卡中显示刚刚选择的图片素材，就说明这些图片素材上传成功了，如图 10-13 所示。

图 10-11　单击"本地上传"按钮

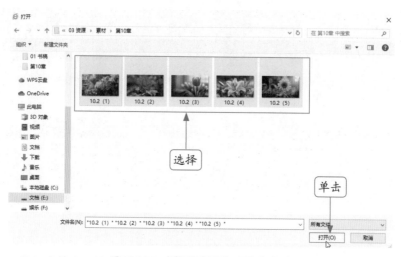

图 10-12　选择需要上传的图片素材

图 10-13　图片素材上传成功

STEP 09 图片素材上传成功后，即可开始进行替换，在视频轨道的第一段素材上单击"替换素材"按钮，如图 10-14 所示。

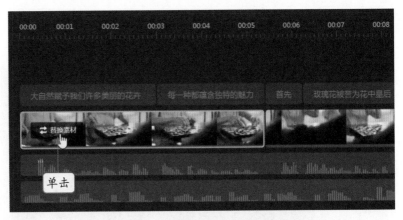

图 10-14 单击"替换素材"按钮

STEP 10 执行上一步操作，弹出"替换素材"面板，在"我的资源"选项卡中选择需要替换的图片素材，如图 10-15 所示。

图 10-15 选择需要替换的素材

STEP 11 执行以上操作后，即可预览图片素材的效果，单击"替换"按钮，如图 10-16 所示，进行图片素材的替换。

STEP 12 如果在对应视频轨道中显示刚刚选择的图片素材，则说明图片素材替换成功，如图 10-17 所示。

图 10-16 单击"替换"按钮

图 10-17 图片素材替换成功

STEP 13 按照与上述同样的操作方法，将图片素材按顺序进行替换，效果如图 10-18 所示，即可完成短视频的初步制作，具体的短视频效果参见【效果展示】。

图 10-18 将素材按顺序进行替换的效果

10.3 调整短视频的效果

【效果展示】：在腾讯智影中使用文案制作短视频后，用户可以根据需求对短视频进行调整，以优化视频效果，如图 10-19 所示。

扫码看视频

图 10-19 对短视频进行调整后的效果

下面介绍使用腾讯智影调整短视频效果的具体操作方法。

STEP 01 在腾讯智影中使用文案制作短视频时，系统会随机使用背景音乐，就可能会出现背景音乐的音量过大的情况。对此，用户可以在轨道中选择背景音乐素材，然后调整其音量，以确保音频内容呈现出更好的效果，如图 10-20 所示。

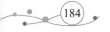

图 10-20 选择轨道中的背景音乐素材

STEP 02 进入"音频编辑"面板的"编辑"|"基础"选项卡，在该选项卡中设置"音量大小"的参数，如图 10-21 所示。

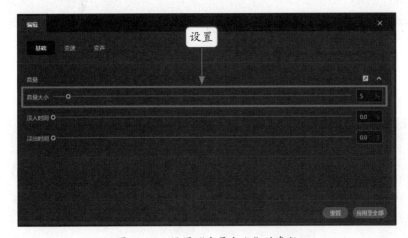

图 10-21 设置"音量大小"的参数

▶ 专家指点

在"编辑"|"基础"选项卡中调整背景音乐的音量时，设置"音量大小"的参数后，不要单击"应用至全部"按钮。如果单击该按钮，短视频中语音播报内容的音量也将随之变化，这样调整背景音乐的音量就没有多大意义了。

STEP 03 除了调整音量之外，用户还可以通过添加滤镜来调整短视频的画面效果。单击短视频编辑页面左侧的"滤镜库"按钮，打开滤镜库，如图 10-22 所示。

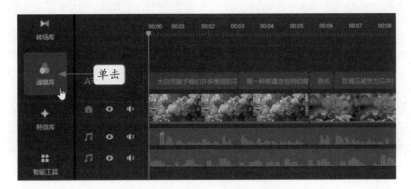

图 10-22 单击"滤镜库"按钮

STEP 04 进入"滤镜库"面板的"滤镜"|"风景"选项卡，单击对应滤镜效果右上方的"添加到轨道"按钮 ➕，如图 10-23 所示。

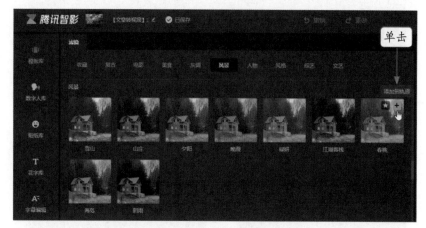

图 10-23 单击"添加到轨道"按钮

STEP 05 执行上一步操作后，如果轨道中显示对应滤镜效果的素材，就说明滤镜效果添加成功，如图 10-24 所示。

图 10-24 滤镜效果添加成功

STEP 06 根据要求调整滤镜效果的应用范围。例如，使滤镜效果的时长与其他素材的时长一致，如图 10-25 所示，完成短视频效果的调整。

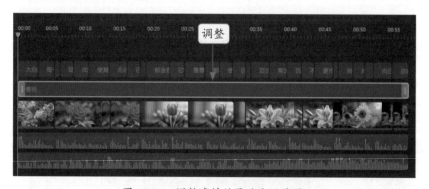

图 10-25 调整滤镜效果的应用范围

10.4　合成并下载短视频

在腾讯智影中，将制作完成的短视频调整好效果后，用户可以将短视频进行合成，并将其下载至自己的电脑中。下面介绍具体的操作步骤。

扫码看视频

STEP 01　短视频效果调整完成后，单击腾讯智影编辑页面中的"合成"按钮，如图 10-26 所示，进行短视频的合成。

图 10-26　单击"合成"按钮

STEP 02　在弹出的"合成设置"对话框中设置短视频的合成信息，单击"合成"按钮，如图 10-27 所示。

图 10-27　短视频合成信息的设置

STEP 03　执行上一步操作后，会跳转至"我的资源"页面进行短视频的合成，单击对应短视频封面中的 ⬇ 按钮，对短视频进行下载，如图 10-28 所示。

图 10-28　单击 ⬇ 按钮

187

STEP 04 弹出"新建下载任务"对话框，在该对话框中设置短视频的下载信息，单击"下载"按钮，如图 10-29 所示。

图 10-29 单击"下载"按钮

STEP 05 弹出"下载"对话框，在该对话框中会显示短视频的下载信息。短视频下载完成后，单击"打开所在目录"按钮□，如图 10-30 所示。

图 10-30 单击"打开所在目录"按钮

STEP 06 在执行上一步操作后，即可进入相应的文件夹中查看下载完成的短视频，如图 10-31 所示。

图 10-31 查看下载完成的短视频

第11章

商品种草：《抖音电商带货》

章前知识导读

　　商品种草类短视频是通过短视频向用户介绍商品，增强用户对商品的购买意向。本章以剪映电脑版为例，为大家讲解《抖音电商带货》短视频的制作技巧。

新手重点索引

- 输入文案内容
- 调整短视频的效果
- 使用文案制作短视频
- 导出制作完成的短视频

效果图片欣赏

展现你的个性与品味

这款发卡都能完美诠释你的独特魅力

11.1 输入文案内容

【效果展示】：在使用剪映电脑版制作《抖音电商带货》短视频时，用户可以先输入相关的文案内容，做好短视频生成的准备，效果如图 11-1 所示。

扫码看视频

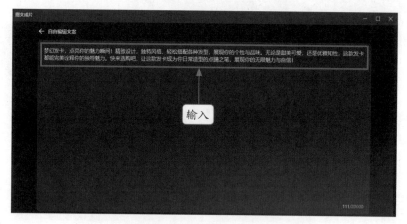

图 11-1　在剪映电脑版中输入文案内容的效果

下面开始介绍在剪映电脑版中输入文案内容的具体操作方法。

STEP 01 启动剪映电脑版，单击"首页"界面中的"图文成片"按钮，如图 11-2 所示。

图 11-2　单击"图文成片"按钮

STEP 02 在弹出的"图片成片"对话框中，单击"自由编辑文案"按钮，如图 11-3 所示。

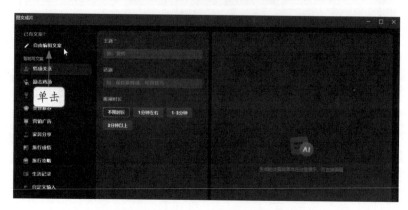

图 11-3　单击"自由编辑文案"按钮

STEP 03 弹出新的"图文成片"对话框，如图 11-4 所示。

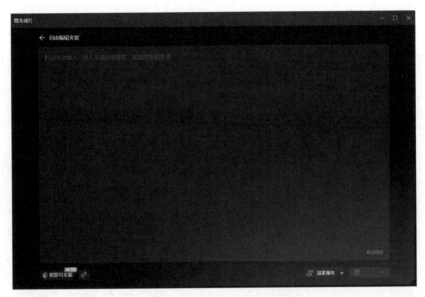

图 11-4　新的"图文成片"对话框

STEP 04 在"自由编辑文案"下方的输入框中输入文字信息，即可完成文案内容的输入，具体效果参见【效果展示】。

11.2　使用文案制作短视频

【效果展示】：使用剪映电脑版应用软件，进入"图文成片"对话框中，在其输入框中输入文案内容后，用户可以直接使用输入的文案内容生成短视频，并替换其中不合适的素材，完成短视频的初步制作，效果如图 11-5 所示。

扫码看视频

图 11-5　在剪映电脑版中初步制作的短视频效果

下面将介绍使用文案制作短视频的具体操作方法。

STEP 01 在"图文成片"对话框中输入文案内容后，单击"生成视频"按钮，在弹出的列表框中选择"智能匹配素材"选项，如图 11-6 所示。

图 11-6 选择"智能匹配素材"选项

STEP 02 执行上一步操作后，即可根据文案内容匹配素材，并生成短视频的雏形，如图 11-7 所示。

图 11-7 根据文案内容生成短视频的雏形

STEP 03 将鼠标定位在第一个素材上，右击并在弹出的快捷菜单中选择"替换片段"命令，如图 11-8 所示，将图文不太相符的素材替换掉。

STEP 04 执行上一步操作后，在弹出的"请选择媒体资源"对话框中选择相应的图片素材，单击"打开"按钮，如图 11-9 所示。

STEP 05 弹出"替换"对话框，单击"替换片段"按钮，如图 11-10 所示。

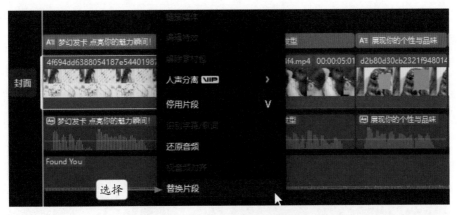

图 11-8 选择"替换片段"命令

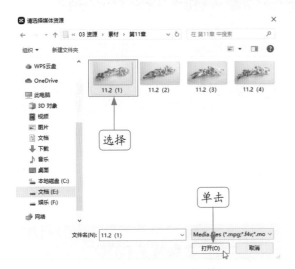

图 11-9 单击"打开"按钮

图 11-10 单击"替换片段"按钮

STEP 06 执行上一步操作后，即可将该图片素材替换到视频片段中，如图 11-11 所示，同时将其导入到本地媒体资源库中。

图 11-11 将图片素材替换到视频片段中

STEP 07 按照上述同样的操作步骤，将其他不合适的素材替换掉，如图 11-12 所示，素材被替换后的具体效果参见【效果展示】。

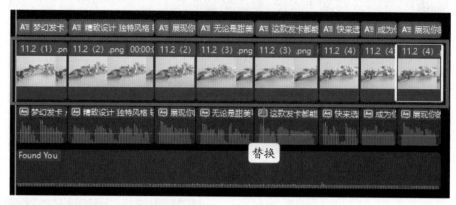

图 11-12　将其他不合适的素材替换掉

11.3　调整短视频的效果

【效果展示】：在剪映电脑版中使用文案制作短视频后，用户可以根据需求调整短视频的相关信息，提升短视频的观赏性，如图 11-13 所示。

扫码看视频

图 11-13　对短视频进行调整后的效果

下面将介绍使用剪映电脑版调整短视频效果的具体操作方法。

STEP 01 在短视频初步制作完成后，用户可以对相关信息进行调整，以提升短视频整体的美观度和专业性。以字幕信息调整为例，用户可以选择所有的字幕，如图 11-14 所示。

图 11-14　选择所有的字幕

STEP 02 执行上一步操作后，在"文本"操作区的"基础"选项卡中设置字幕的"字体"和"字号"信息，如图 11-15 所示。

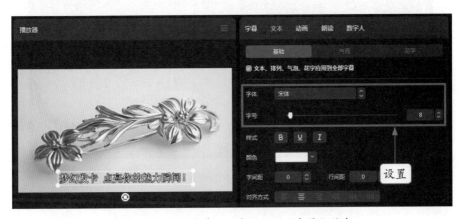

图 11-15　设置字幕的"字体"和"字号"信息

STEP 03 滑动鼠标滚轮，选择字幕的样式效果，如图 11-16 所示。

图 11-16　选择字幕的样式效果

STEP 04 除了对所有字幕进行统一调整之外，用户还可以对某个字幕进行单独调整。选择第一个字幕，如图 11-17 所示。

STEP 05 在"文本"操作区的"基础"选项卡中修改字幕的内容，如删除字幕中的感叹号，如图 11-18 所示。

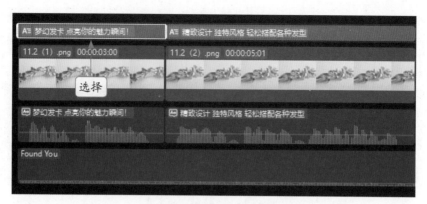

图 11-17 选择第一个字幕

图 11-18 修改字幕的内容

▶ 专家指点

　　在剪映电脑版中使用文案生成短视频时，大多数情况下，短视频字幕中只会保留少数标点符号。为了字幕内容的统一性，用户可以将字幕中没有特殊意义的标点符号都删除。

STEP 06 在修改字幕效果后，还可以为短视频添加合适的贴纸效果。依次单击"贴纸"按钮和"贴纸素材"按钮，进入对应选项卡中单击"种草"按钮，如图 11-19 所示。

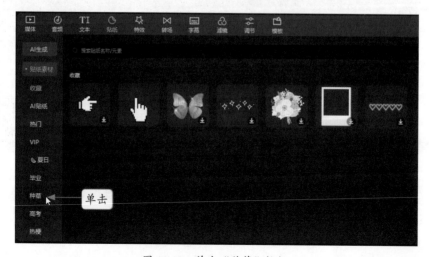

图 11-19 单击"种草"按钮

STEP 07 进入"种草"选项卡后，在该面板中选择一个合适的贴纸效果，如图 11-20 所示。

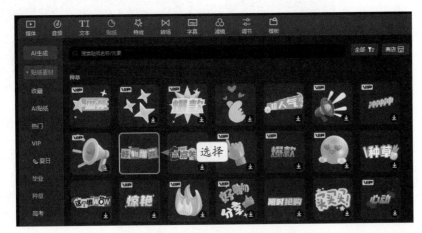

图 11-20　选择一个合适的贴纸效果

STEP 08 执行上一步操作后，如果轨道中显示贴纸效果的相关信息，就说明贴纸添加成功，如图 11-21 所示。

图 11-21　贴纸添加成功

STEP 09 根据实际要求调整贴纸效果的应用范围。例如，使贴纸效果的时长与语音播报内容的时长一致，如图 11-22 所示。

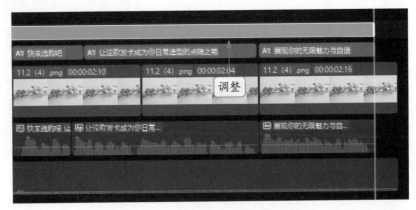

图 11-22　调整贴纸效果的应用范围

STEP 10 选择轨道中的所有素材，拖曳时间轴至语音播报内容结束的位置，单击"向右裁剪"按钮 I，如图 11-23 所示。

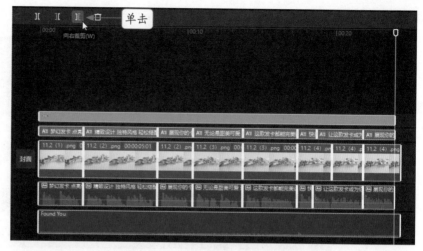

图 11-23 单击"向右裁剪"按钮

STEP 11 将多余的内容删除后，选择轨道中的贴纸素材，如图 11-24 所示。

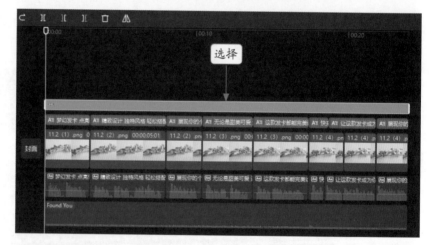

图 11-24 选择轨道中的贴纸素材

STEP 12 进入"贴纸"操作区，在该操作区中设置贴纸的"位置大小"参数，如图 11-25 所示，完成短视频效果的调整，此时的效果参见【效果展示】。

图 11-25 设置贴纸的"位置大小"参数

11.4　导出制作完成的短视频

在剪映电脑版应用软件中，将制作完成的短视频调整好效果后，用户可以将短视频导出并下载至自己的电脑中。下面介绍具体的操作步骤。

STEP 01 短视频效果调整完成后，单击剪映电脑版编辑页面中的"导出"按钮，将短视频导出，如图 11-26 所示。

图 11-26　单击"导出"按钮

STEP 02 执行上一步操作后，会弹出"导出"对话框，如图 11-27 所示。

STEP 03 在"导出"对话框中设置短视频的导出信息，单击"导出"按钮，将短视频导出，如图 11-28 所示。

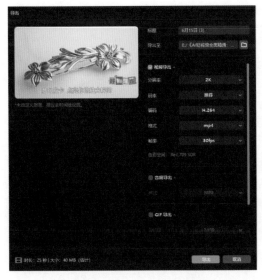

图 11-27　弹出"导出"对话框

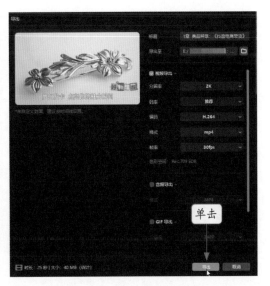

图 11-28　单击"导出"按钮

STEP 04 执行上一步操作后，将弹出新的"导出"对话框，并显示短视频的导出进度，如果显示"导出完成，去发布！"就说明短视频导出成功，如图 11-29 所示。此时，短视频会自动下载并保存至电脑中的相应位置，用户单击"打开文件夹"按钮，即可进入相应的文件夹中查看下载完成的短视频。

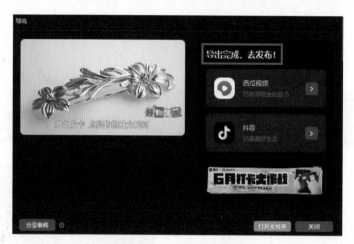

图 11-29　短视频导出成功

第 12 章

热门卡点：《旅途风景记录》

章前知识导读

　　制作热门卡点短视频的核心在于利用热门模板。通过音频的节拍来不断切换图片或帧，创造出动感效果。本章以《旅途风景记录》短视频为例，具体讲解使用剪映电脑版制作热门卡点短视频的技巧。

新手重点索引

　　🎬 选择短视频模板　　　　　　▶️ 替换短视频的素材

　　🎬 调整短视频的效果　　　　　　🎬 导出制作完成的短视频

效果图片欣赏

12.1 选择短视频模板

制作热门卡点短视频的关键是选择一个合适的模板。那么，在剪映电脑版中如何选择短视频的模板呢？下面介绍具体的操作步骤。

扫码看视频

STEP 01 启动剪映电脑版，在"首页"界面的左侧导航栏中，单击"模板"按钮，进入"模板"界面，在界面上方的搜索框中输入模板的搜索词，如输入"风景卡点"，如图 12-1 所示，按 Enter 键，即可搜索模板。

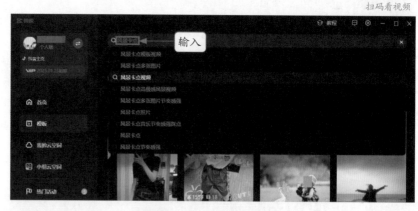

图 12-1 输入"风景卡点"

STEP 02 设置模板的相关参数，如图 12-2 所示，以便快速获取所需的短视频模板。

图 12-2 设置模板的相关参数

STEP 03 选择相应的短视频模板，单击"解锁草稿"按钮，如图 12-3 所示。

图 12-3 单击"解锁草稿"按钮

STEP 04 执行以上操作后，即可完成模板的选择，并查看短视频模板的效果，如图 12-4 所示。

图 12-4 查看短视频模板的效果

12.2 替换短视频的素材

【效果展示】：模板选择完成后，用户可以替换模板中的短视频素材，完成短视频的初步制作，效果如图 12-5 所示。

扫码看视频

图 12-5 替换短视频素材的效果

下面介绍使用剪映电脑版替换短视频素材的具体操作方法。

STEP 01 在模板编辑界面时间线窗口的第一个视频片段上右击，在弹出的快捷菜单中选择"替换片段"命令，如图 12-6 所示。

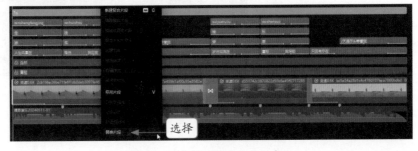

图 12-6 选择"替换片段"命令

STEP 02 执行上一步操作后，弹出"请选择媒体资源"对话框，在该对话框中选择相应的图片素材，单击"打开"按钮，如图12-7所示。

图 12-7　选择相应的图片素材

STEP 03 弹出"替换"对话框时，单击"替换片段"按钮，如图12-8所示，确定进行图片素材的替换。

STEP 04 执行上一步操作后，即可将该图片素材添加到视频轨道，效果如图12-9所示，同时将其导入到本地媒体资源库中。

图 12-8　单击"替换片段"按钮

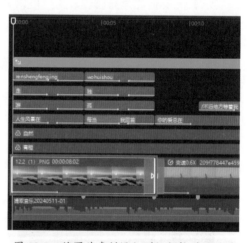

图 12-9　将图片素材添加到视频轨道的效果

STEP 05 按照同样的操作方法，替换其他的图片素材，效果如图12-10所示，即可初步完成短视频的制作，具体效果参见【效果展示】。

图 12-10　完成短视频的制作

12.3　调整短视频的效果

【效果展示】：短视频素材替换完成后，用户可以对短视频适当调整，使其更符合需求，效果如图 12-11 所示。

图 12-11　对短视频进行调整后的效果

下面将介绍使用剪映电脑版调整短视频效果的具体操作方法。

STEP 01　短视频素材替换完成后，用户可以根据要求对模板中的其他信息进行调整。例如，模板中的贴纸不合适时，可以直接将其删除。在时间线窗口中选择不合适的贴纸素材，单击"删除"按钮 🔲，如图 12-12 所示。

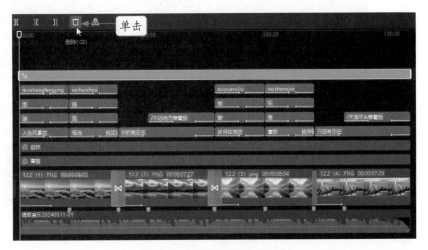

图 12-12　删除不合适的贴纸

STEP 02 除了贴纸之外，模板中可能还存在一些其他的多余内容，例如，多余的文字信息。选择多余的文字信息，单击"删除"按钮 ，如图 12-13 所示。

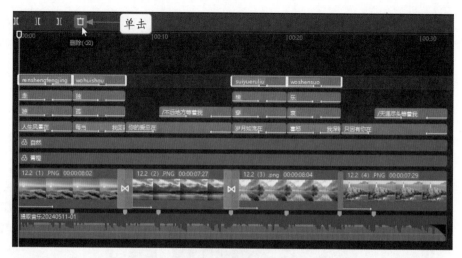

图 12-13 删除多余文字信息

STEP 03 另外，模板中可能会存在一些不太合适的内容，对于这些内容，用户也可以选择进行删除。选择不合适的滤镜效果，单击"删除"按钮 ，如图 12-14 所示。

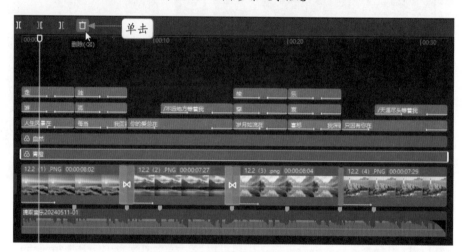

图 12-14 删除不合适的滤镜效果

STEP 04 执行以上操作后，即可将多余的信息删除，效果如图12-15所示。

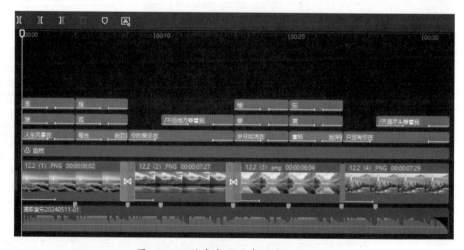

图 12-15 将多余的信息删除后的效果

STEP 05 删除多余和不合适的信息后，用户还可以对音频素材进行处理。选择音频素材，如图 12-16 所示。

图 12-16　选择音频素材

STEP 06 在"基础"操作区中，选中"人声美化"复选框，设置美化的强度参数，如图 12-17 所示，让背景音乐呈现出更优美的效果。

图 12-17　设置美化的强度参数

STEP 07 另外，用户还可以在短视频中添加文字信息，起到点题的作用。单击"文本"按钮，切换至对应功能区。在"文本"功能区的"新建文本"选项卡中单击"默认文本"右下角的"添加到轨道"按钮，即可添加一个默认文本素材，效果如图 12-18 所示。

图 12-18　添加一个默认文本素材的效果

STEP 08 选择默认文本素材，在"文本"操作区中输入文本信息，如输入"旅途风景记录"，设置文本内容的字体、字号和样式等参数，如图12-19所示。

图 12-19　设置文本内容的字体、字号和样式等参数

STEP 09 滚动鼠标滚轮，选择文本内容的样式，如图12-20所示。

图 12-20　选择文本内容的样式

STEP 10 滚动鼠标滚轮，设置文本的"位置"参数，如图12-21所示。

图 12-21　设置文本的"位置"参数

STEP 11 执行以上操作后，如果刚刚添加的文本素材中，显示输入的文本内容，则说明文本信息设置成功，如图 12-22 所示。

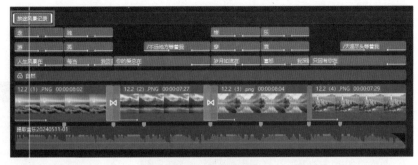

图 12-22　文本信息设置成功

STEP 12 根据要求调整文本信息的应用范围。例如，使文本信息素材的长度与图片素材的时长一致，如图 12-23 所示。

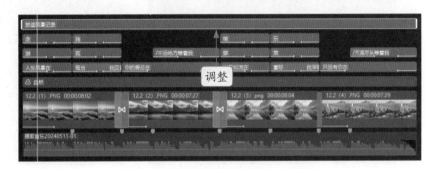

图 12-23　调整文本信息的应用范围

12.4　导出制作完成的短视频

在剪映电脑版中，将制作完成的《旅途风景记录》短视频调整好效果后，用户可以将其导出，并下载至自己的电脑中。下面介绍具体的操作步骤。

扫码看视频

STEP 01 短视频效果调整完成后，单击剪映电脑版编辑页面中的"导出"按钮，将导出短视频，如图 12-24 所示。

图 12-24　单击"导出"按钮

STEP 02 执行上一步操作后，会弹出"导出"对话框，如图 12-25 所示。

STEP 03 在"导出"对话框中设置短视频的导出信息，单击"导出"按钮，将短视频导出，如图 12-26 所示。

图 12-25　弹出"导出"对话框

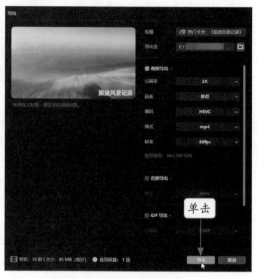

图 12-26　单击"导出"按钮

STEP 04 执行上一步操作后，会弹出新的"导出"对话框，并显示短视频的导出进度，如果显示"导出完成，去发布！"，则说明短视频导出成功，如图 12-27 所示。此时，短视频会自动下载并保存至电脑中的相应位置，用户单击"打开文件夹"按钮，即可进入相应的文件夹中查看下载好的短视频。

图 12-27　短视频导出成功

第13章

营销推广：《摄影课程宣传》

章前知识导读

　　营销推广类短视频是一种以精炼和创意的方式展示产品或服务，迅速吸引目标观众的注意力，并激发其购买欲望或品牌认同感的营销手段。本章以《摄影课程宣传》短视频为例，具体讲解营销推广类短视频的制作技巧，特别是如何融入虚拟角色以增强表现力。

新手重点索引

- 生成背景图片
- 制作短视频的字幕
- 导出制作完成的短视频
- 设置虚拟角色的形象
- 制作短视频的片头和片尾

效果图片欣赏

13.1　生成背景图片

【效果展示】：在剪映中生成的虚拟数字人视频，默认背景是透明的，用户可以添加自己的素材作为背景。如果用户没有合适的素材，可以用即梦 Dreamina 生成合适的背景图片，效果如图 13-1 所示。

扫码看视频

下面将介绍使用即梦 Dreamina 生成背景图片的具体操作步骤。

STEP 01 进入即梦 Dreamina 的"首页"页面，单击"AI 作图"板块中的"图片生成"按钮，如图 13-2 所示。

STEP 02 在"图片生成"页面的输入框中，输入提示词，如输入"一张背景图，上方是一块黑板，整体风格：清新、雅致"，如图 13-3 所示。

图 13-1　使用即梦 Dreamina 生成的背景图片效果

图 13-2　单击"图片生成"按钮

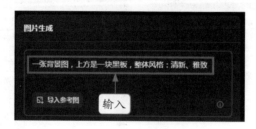

图 13-3　输入提示词

STEP 03 设置图片的生成模型和比例信息，单击"立即生成"按钮，如图 13-4 所示，进行图片的生成。

STEP 04 执行上一步操作后，即可生成 4 张图片，在第 2 张图片上的工具栏中单击"细节重绘"按钮 ，如图 13-5 所示。

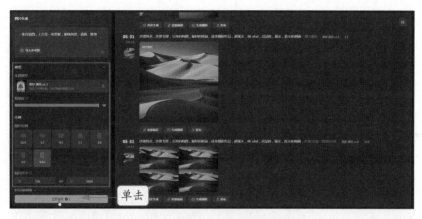

图 13-4 单击"立即生成"按钮

图 13-5 单击"细节重绘"按钮

STEP 05 执行上一步操作后，即可对第 2 张图片的细节进行重新绘制，在重新绘制的图片的工具栏中，单击"超清图"按钮 HD ，如图 13-6 所示。

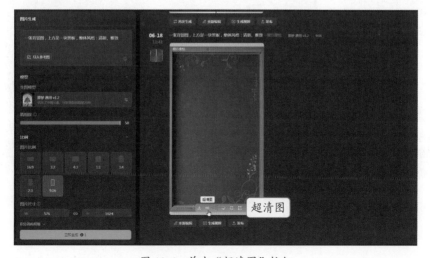

图 13-6 单击"超清图"按钮

STEP 06 执行上一步操作后，即可生成超清的背景图片，如图 13-7 所示。如果用户对生成的图片比较满意，可以单击"下载"按钮 ，将图片下载至电脑中备用。

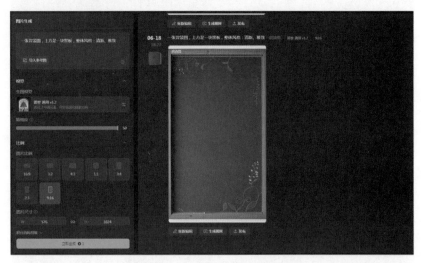

图 13-7 生成超清的背景图片

13.2 设置虚拟角色的形象

【效果展示】：生成背景图片后，用户可以将背景图片导入至剪映电脑版中，并进行虚拟角色的形象设置，效果如图 13-8 所示。

扫码看视频

图 13-8 设置虚拟角色形象的效果

下面将介绍使用剪映电脑版设置虚拟角色形象的具体操作步骤。

STEP 01 将背景图片导入剪映电脑版中，单击本地媒体库中的"添加到轨道"按钮 ⊕，如图 13-9 所示，将背景图片添加至时间线轨道中。

图 13-9 单击"添加到轨道"按钮

STEP 02 在"文本"功能区的"新建文本"选项卡中，单击"默认文本"选项右下角的"添加到轨道"按钮 ⊕，添加一段默认文本。在"数字人"操作区中，选择一个合适的虚拟角色，单击"添加数字人"按钮，如图 13-10 所示。

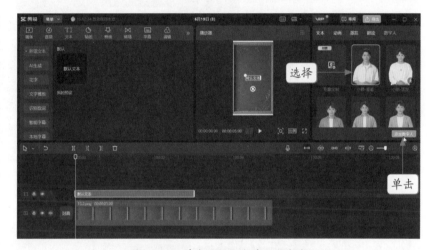

图 13-10 单击"添加数字人"按钮

STEP 03 如果时间线轨道中显示对应虚拟角色的素材，则说明虚拟角色添加成功，如图 13-11 所示。

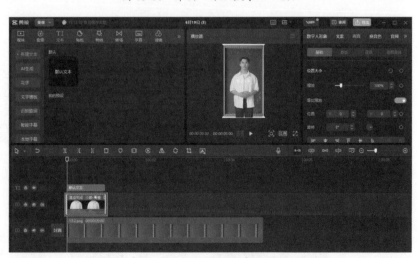

图 13-11 虚拟角色添加成功

STEP 04 在"播放器"窗口中，单击"比例"按钮，选择"9：16（抖音）"选项，如图 13-12 所示，调整虚拟角色短视频的比例。

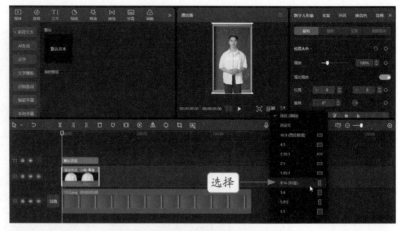

图 13-12　设置虚拟角色视频的比例

STEP 05 选择虚拟角色素材，在"画面"操作区中，设置虚拟角色的"位置大小"参数，如图 13-13 所示，完成虚拟角色的形象设置。

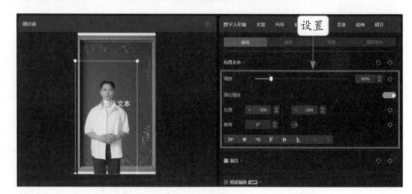

图 13-13　设置虚拟角色的"位置大小"参数

13.3　制作短视频的字幕

【效果展示】：设置完成虚拟角色的形象后，用户可以使用剪映电脑版编写文案，制作短视频的字幕，效果如图 13-14 所示。

扫码看视频

图 13-14　制作短视频字幕的效果

下面将介绍使用剪映电脑版制作短视频字幕的具体操作步骤。

STEP 01 选择默认文本素材，单击"删除"按钮 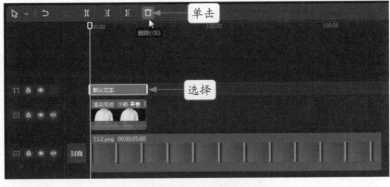，如图 13-15 所示，将其删除。

图 13-15 单击"删除"按钮

STEP 02 单击"文案"操作区中的"智能文案"按钮，如图 13-16 所示，进行文案创作。

图 13-16 单击"智能文案"按钮

STEP 03 在弹出的"智能文案"对话框中输入提示词，单击 按钮，如图 13-17 所示，开始进行文案的创作。

STEP 04 执行以上操作后，在"智能文案"对话框中会显示生成的文案，如果对生成的文案比较满意，可以单击"确认"按钮，如图 13-18 所示。

图 13-17 单击按钮

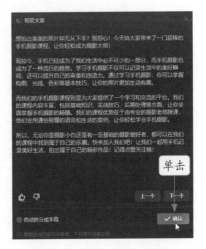

图 13-18 单击"确认"按钮

STEP 05 在"文案"操作区中对文案内容进行修改，单击"确认"按钮，如图 13-19 所示，确认对虚拟角色素材进行调整。

图 13-19　单击"确认"按钮

STEP 06 执行上一步操作后，会根据文案内容生成新的虚拟角色素材，调整背景图片素材的长度，使其与虚拟角色素材的时长一致，如图 13-20 所示。

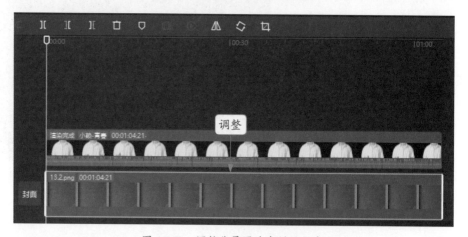

图 13-20　调整背景图片素材的长度

STEP 07 选择虚拟角色素材，单击"文本"功能区中的"智能字幕"按钮，如图 13-21 所示，进行面板的切换。

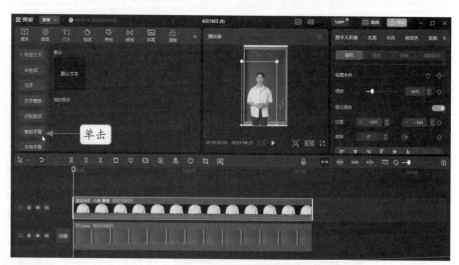

图 13-21　单击"智能字幕"按钮

STEP 08 切换至"智能字幕"选项卡，单击该选项卡中的"开始识别"按钮，如图 13-22 所示，根据虚拟角色素材识别字幕。

图 13-22 单击"开始识别"按钮

STEP 09 执行上一步操作后，即可识别虚拟角色素材，生成对应的字幕素材，如图 13-23 所示。

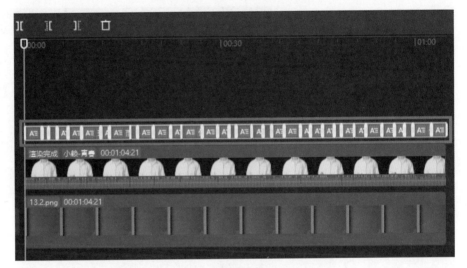

图 13-23 生成对应的字幕素材

STEP 10 选择所有的字幕素材，在"文本"操作区中设置字幕的字体、字号和样式参数，如图 13-24 所示。

图 13-24 设置字幕的字体、字号和样式参数

STEP 11 滚动鼠标滚轮，选择合适的字幕预设样式，如图 13-25 所示。

图 13-25 选择合适的字幕样式

STEP 12 再次滚动鼠标滚轮，设置字幕的位置大小参数，如图 13-26 所示，完成短视频字幕的设置。

图 13-26 设置字幕的位置大小参数

13.4 制作短视频的片头和片尾

【效果展示】：通过对素材添加文本信息和动画效果，用户能够轻松制作出主题鲜明，动感十足的片头、片尾的效果，如图 13-27 所示。

扫码看视频

图 13-27 制作短视频片头和片尾的效果

STEP 01 在本地媒体库中，单击背景素材右下角的"添加到轨道"按钮⊕，再在视频轨道中添加一段背景素材，作为片头素材。选择数字人素材，单击"定格"按钮▣，如图 13-28 所示。

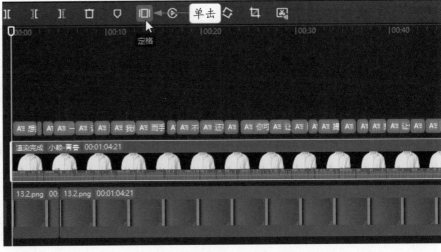

图 13-28 单击"定格"按钮

STEP 02 执行上一步操作后，即可生成一段定格素材，效果如图 13-29 所示。

图 13-29 生成一段定格素材效果

STEP 03 调整第 1 段背景素材和定格素材的时长，如图 13-30 所示，使所有素材衔接顺畅。

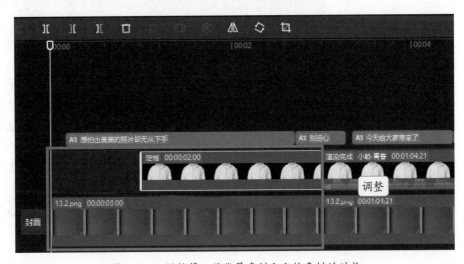

图 13-30 调整第 1 段背景素材和定格素材的时长

STEP 04 调整字幕素材的位置，如图 13-31 所示，使其与虚拟角色素材完全匹配。

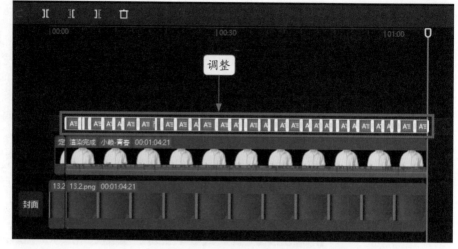

图 13-31　调整字幕素材的位置

STEP 05 选择第 1 段背景素材，在"动画"操作区的"入场"选项卡中，选择"交错开幕"动画效果，如图 13-32 所示，为片头添加入场动画。

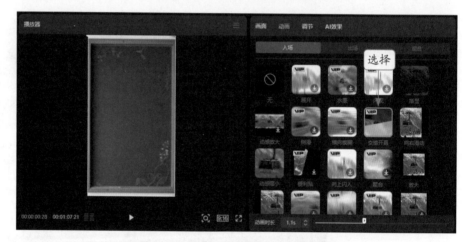

图 13-32　选择"交错开幕"动画效果

STEP 06 选择定格素材，在"入场"选项卡中，选择"渐显"动画效果，如图 13-33 所示，让虚拟角色慢慢显示出来。

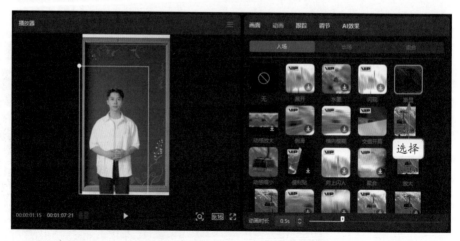

图 13-33　选择"渐显"动画效果

STEP 07 拖曳时间轴至定格素材的起始位置，在"文本"功能区的"文字模板"|"片头标题"选项卡中，单击相应文字模板右下角的"添加到轨道"按钮，如图 13-34 所示，添加一段片头文本。

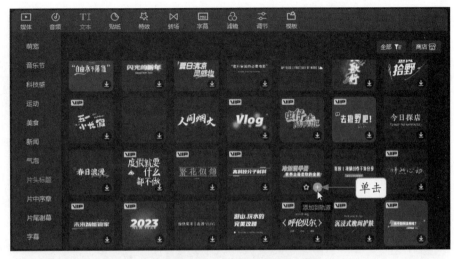

图 13-34 单击"添加到轨道"按钮

STEP 08 执行上一步操作后，如果时间线窗口中显示对应文本的相关信息，则说明文字模板添加成功，如图 13-35 所示。

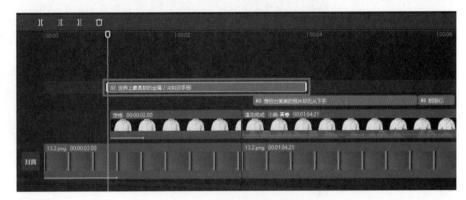

图 13-35 文字模板添加成功

STEP 09 根据要求调整文字模板的应用范围。例如，使其结束位置对准虚拟角色素材的结束位置，如图 13-36 所示。

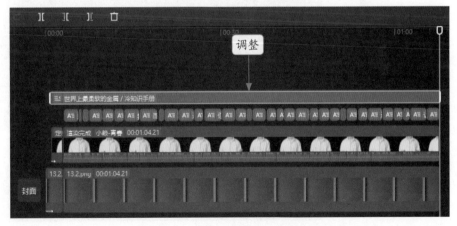

图 13-36 调整文字模板的应用范围

STEP 10 进入"文本"操作区，根据短视频素材内容输入文本信息，如图 13-37 所示，对文字模板的信息进行调整。

图 13-37　根据短视频素材内容输入文本信息

STEP 11 在"文本"操作区中调整文本的位置，如将 X 轴的参数设置为 0、Y 轴的参数设置为 1000，如图 13-38 所示。

图 13-38　调整文本的位置

STEP 12 如果时间线窗口中显示刚刚输入的文本信息，则说明文本信息设置成功，如图 13-39 所示。

图 13-39　文本信息设置成功

STEP 13 选择第 2 段背景素材，在"动画"操作区的"出场"选项卡中，选择"渐隐"动画，设置"动画时长"参数为 0.5s，如图 13-40 所示，即可制作出画面渐渐变黑的片尾效果。

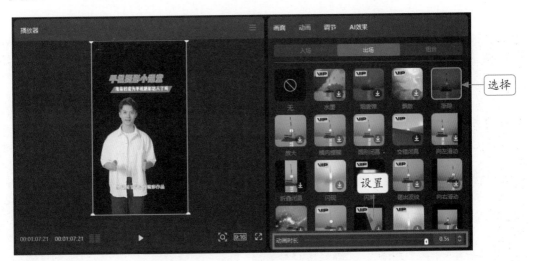

图 13-40　设置"动画时长"参数

13.5　导出制作完成的短视频

短视频的内容制作完成后，用户可以将其导出，并保存至自己的电脑中。下面介绍具体的操作步骤。

扫码看视频

STEP 01 短视频效果调整完成后，单击剪映电脑版编辑页面中的"导出"按钮，将导出短视频，如图 13-41 所示。

图 13-41　单击"导出"按钮

STEP 02 执行上一步操作后，会弹出"导出"对话框，如图 13-42 所示。

STEP 03 在"导出"对话框中，设置短视频的导出参数，单击"导出"按钮，将短视频导出，如图 13-43 所示。

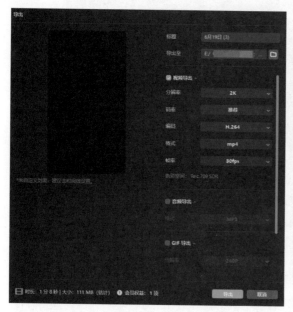

图 13-42 弹出"导出"对话框

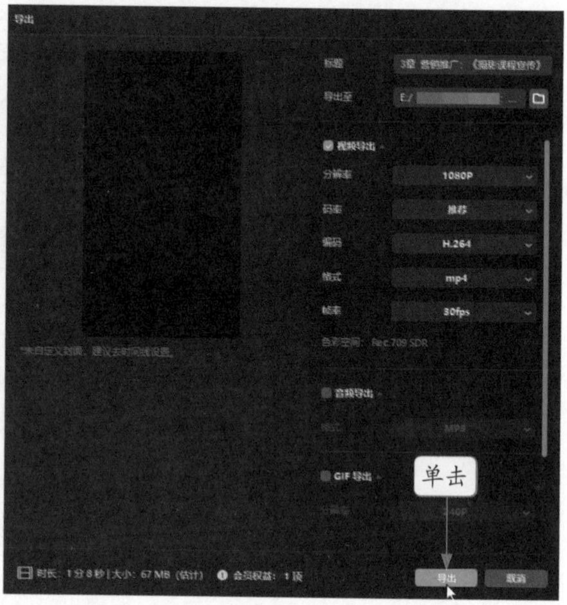

图 13-43 设置短视频的导出参数

STEP 04 执行上一步操作后，会弹出新的"导出"对话框，并显示短视频的导出进度，如果显示"导出完成，去发布！"，就说明短视频导出成功，如图 13-44 所示。此时，短视频会自动下载并保存至电脑中的相应位置，用户单击"打开文件夹"按钮，即可进入相应文件夹中查看下载好的短视频。

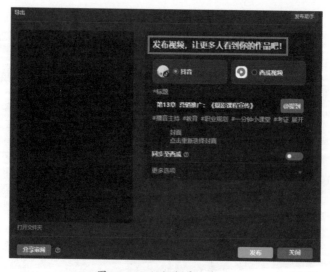

图 13-44 短视频导出成功